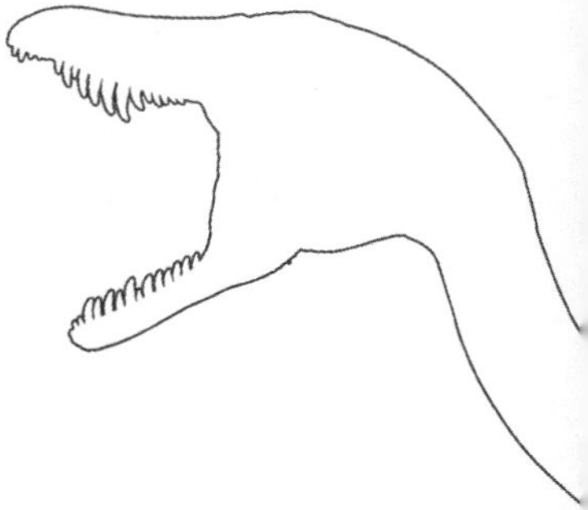

Discovering···
发现

Secret concealed within time and space···

时空中隐藏的秘密

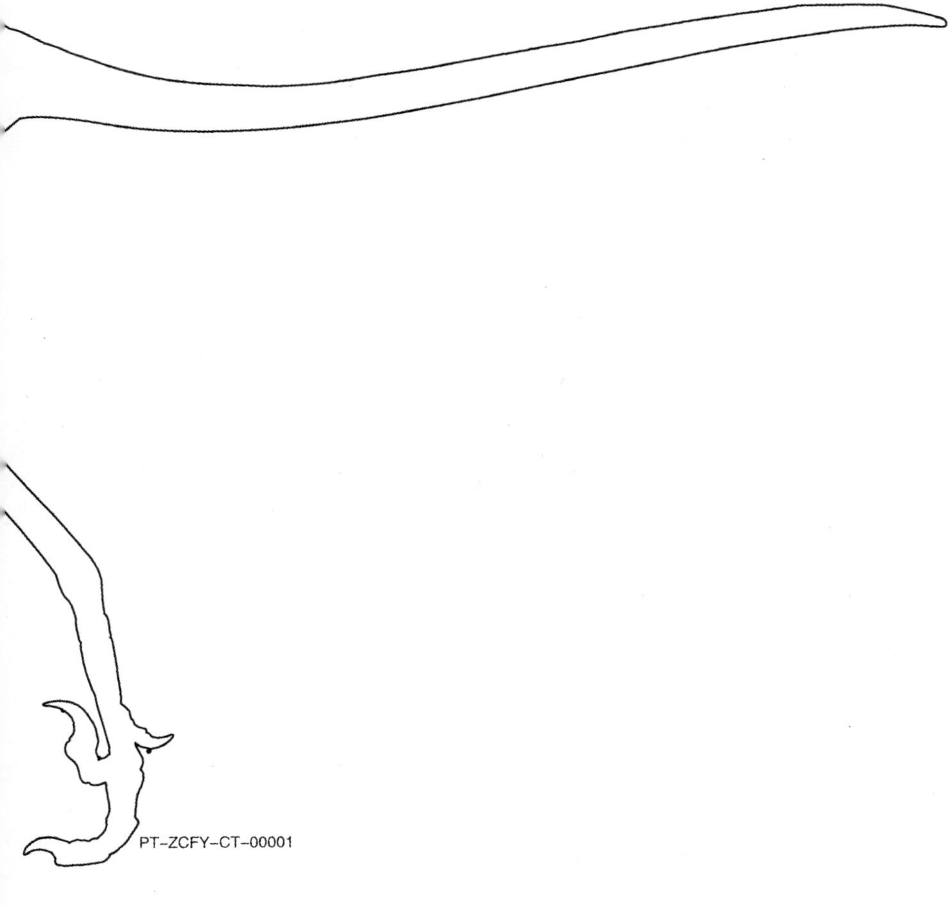

PT-ZCFY-CT-00001

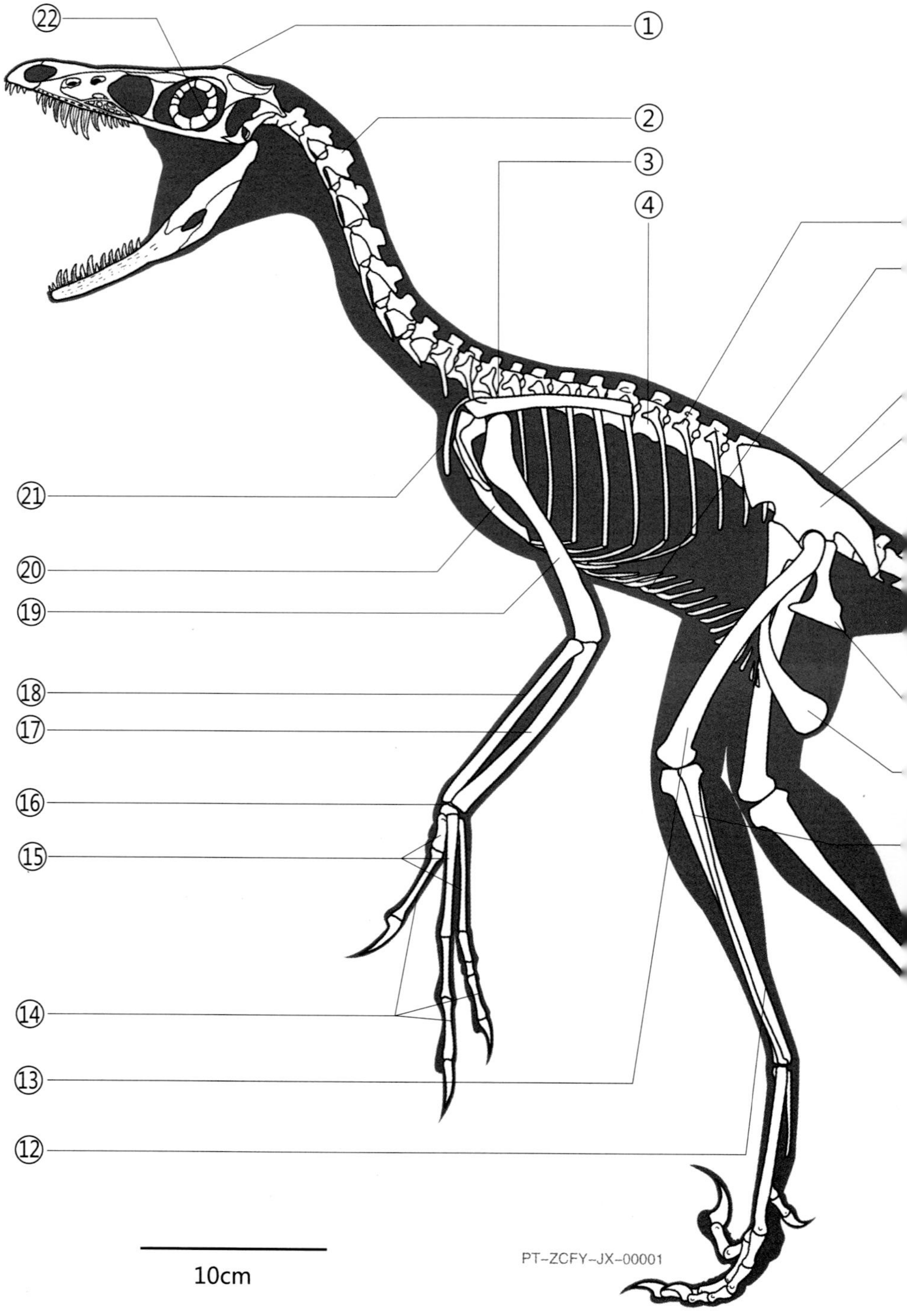

㉒
①
②
③
④
㉑
⑳
⑲
⑱
⑰
⑯
⑮
⑭
⑬
⑫
10cm
PT-ZCFY-JX-00001

Though these…
透过这一幅

Bones of Sinornithosaurus
中国鸟龙骨骼图

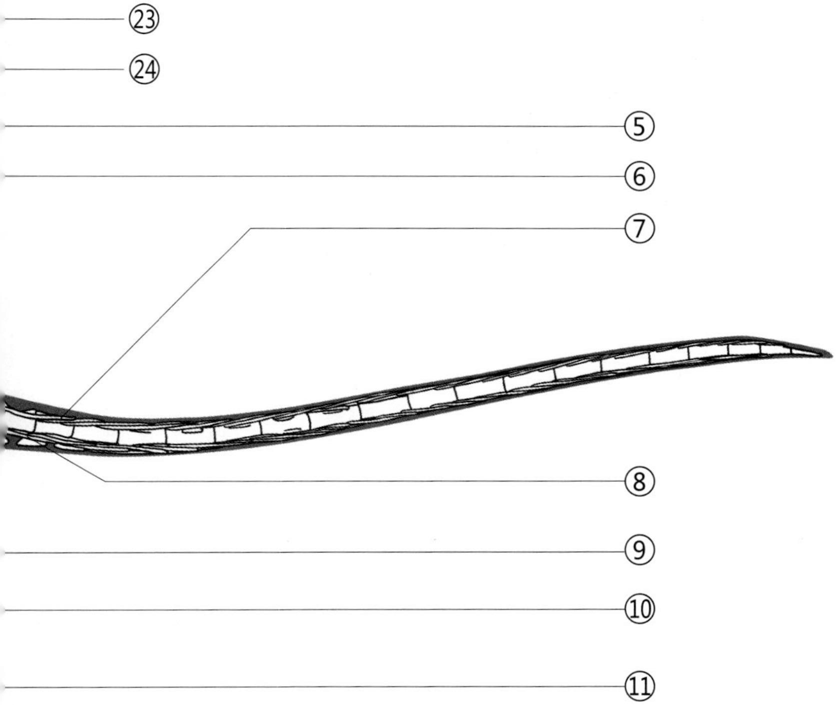

① 头骨 Skull
② 颈椎 Cervical Vertebrae
③ 肩胛骨 Scapula
④ 脊椎 Dorsal Vertebrae
⑤ 荐椎 Sacral Vertebrae
⑥ 髂骨 Ilium
⑦ 尾椎 Caudal Vertebrae
⑧ 脉弧 Chevron
⑨ 坐骨 Pubis
⑩ 耻骨 Ischium
⑪ 腓骨 Fibula
⑫ 胫跗骨 Tibia
⑬ 股骨 Femur
⑭ 第Ⅰ指、第Ⅱ指及第Ⅲ指 Digits Ⅰ and Ⅱ , Ⅲ
⑮ 掌骨 Metacarpals
⑯ 腕骨 Carpals
⑰ 尺骨 Ulna
⑱ 挠骨 Radius
⑲ 肱骨 Humer
⑳ 胸骨 Sternum
㉑ 锁骨 Clavicle
㉒ 巩膜环 Sclera ring
㉓ 肋骨 Frame
㉔ 腹肋 Gastralia

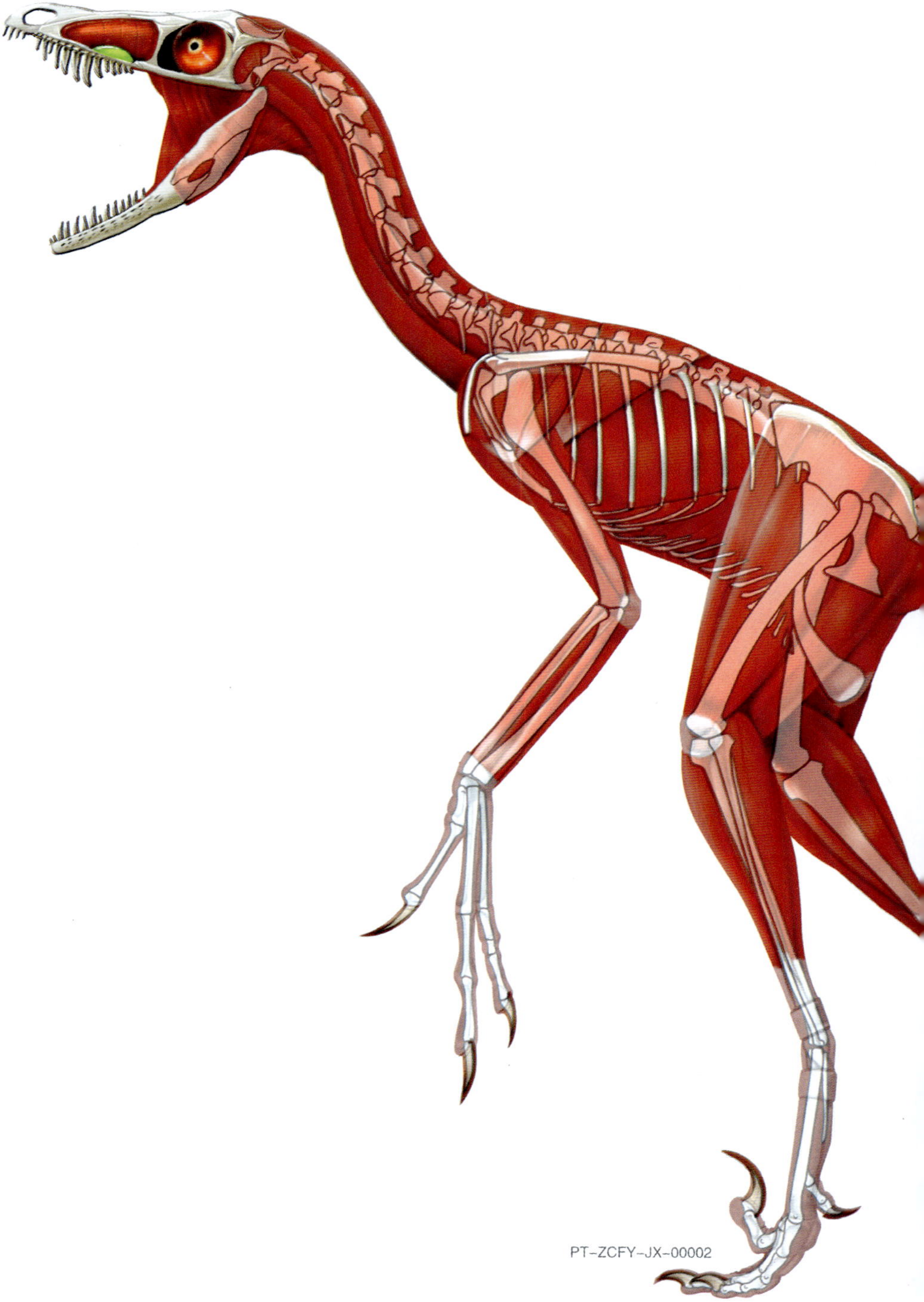

PT-ZCFY-JX-00002

We are observing…

我们看到了

Muscles and bones of Sinornithosaurus

中国鸟龙肌肉与骨骼对照

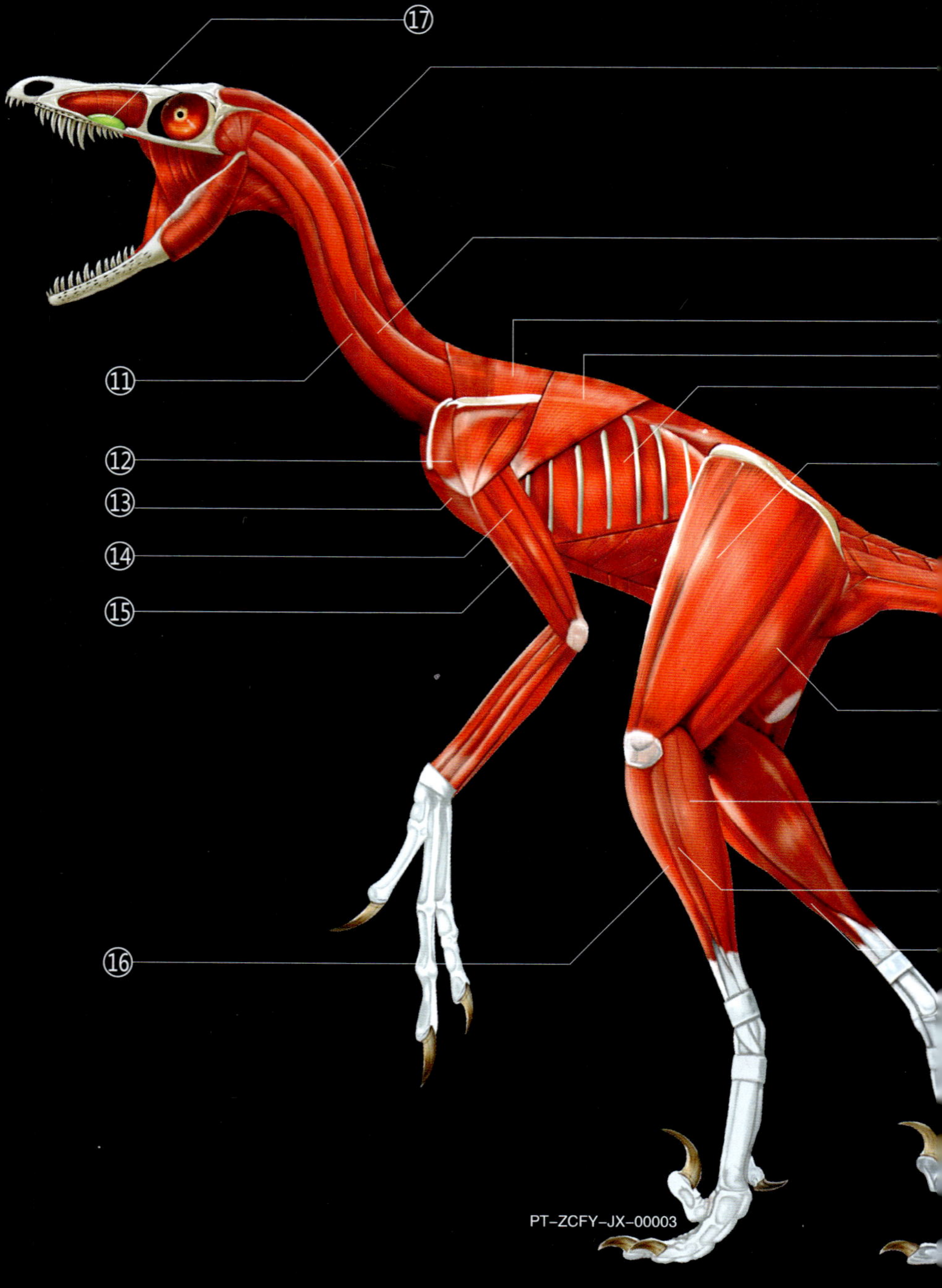
⑰
⑪
⑫
⑬
⑭
⑮
⑯

And imagining…

然后继续想象

Muscles of Sinornithosaurus

中国鸟龙肌肉图

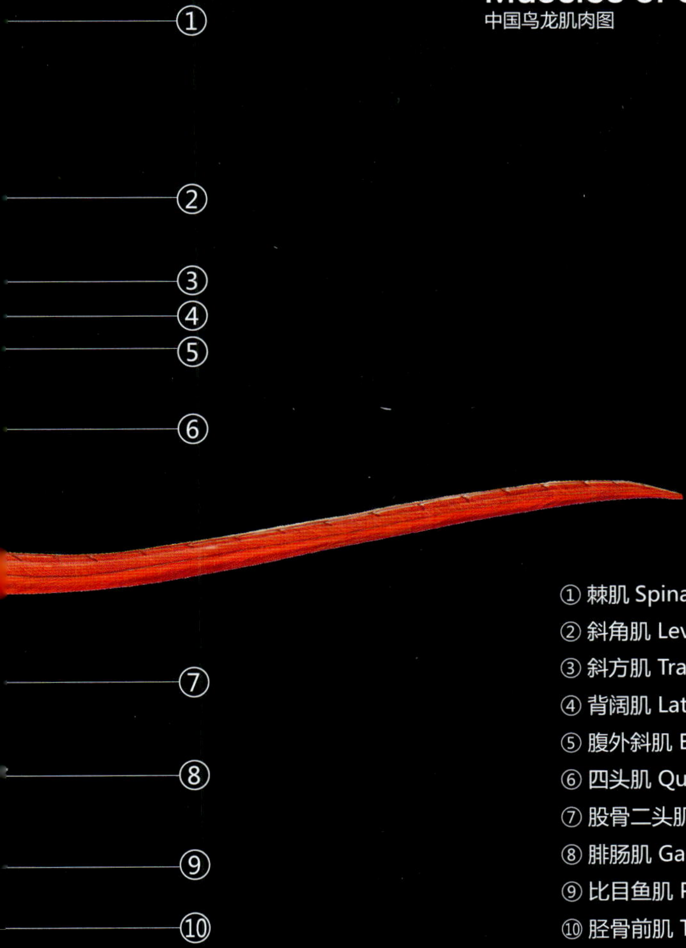

① 棘肌 Spinalis capitis
② 斜角肌 Levator scapulae
③ 斜方肌 Trapezius
④ 背阔肌 Latissimus dorsi
⑤ 腹外斜肌 External obliques
⑥ 四头肌 Quadriceps
⑦ 股骨二头肌 Femoral biceps
⑧ 腓肠肌 Gastrocnemius
⑨ 比目鱼肌 Peroneus
⑩ 胫骨前肌 Tibialis anticus
⑪ 胸锁乳突肌 Sternoclado-mastoideus
⑫ 三角肌 Deltoids
⑬ 胸大肌 Pertoralis
⑭ 三头肌 Triceps
⑮ 二头肌 Biceps
⑯ 指长伸肌 Externsor digitorum longus
⑰ 毒腺 Venomous

PT-ZCFY-JX-00004

And finally we are coming to…

最后看到了

Skin of Sinornithosaurus

中国鸟龙皮肤复原图

PT-ZCFY-CP-XX-00001

This is just a ...
这仅仅是一张

Reconstructed Picture of Sinornithosaurus
中国鸟龙完整复原图

A marvellous journey just begins,please keep on reading...

奇妙的感受才刚刚开始，请您继续打开——

PNSO 叩问自然
Dromaeosauridae
星球统治者之驰龙圣经

SEASON ONE 第一季

Pecking Nature Science Organization
啄木鸟科学小组 著

東方出版社

Living Period and Nominating Year of Dromaeosauridae

驰龙类恐龙生存及发现年代对照表

学名	生存年代	命名年
纤细盗龙 Graciliraptor	距今 1 亿 3900 万年前至 1 亿 2800 万年前	2004 年
小盗龙 Microraptor	距今 1 亿 3000 万年前至 1 亿 2500 万年前	2001 年
羽龙 Cryptovolans	距今 1 亿 3000 万年前至 1 亿 2500 万年前	2002 年
犹他盗龙 Utahraptor	距今 1 亿 2600 万年前至 1 亿 1900 万年前	1991 年
中国鸟龙 Sinornithosaurus	距今 1 亿 2500 万年前	1999 年
天宇盗龙 Tianyuraptor	距今 1 亿 2200 万年前	2009 年
恐爪龙 Deinonychus	距今 1 亿 2100 万年前至 9890 万年前	1969 年
佛舞龙 Shanag	距今 1 亿 1000 万年前	2007 年
似驰龙 Dromaeosauroides	距今 1 亿 4500 万年前至 9900 万年前	2003 年
阿基里斯龙 Achillobator	距今 9800 万年前至 8300 万年前	1999 年
半鸟 Unenlagia	距今 9000 万年前	2004 年
鹫龙 Buitreraptor	距今 9000 万年前	2005 年
依特米龙 Itemirus	距今 9000 万年前	1976 年
内乌肯盗龙 Neuquenraptor	距今 8900 万年前至 8600 万年前	2005 年
胁空鸟龙 Rahonavis	距今 8350 万年前至 7060 万年前	1998 年
伶盗龙 Velociraptor	距今 8300 万年前至 7000 万年前	1924 年
蜥鸟盗龙 Saurornitholestes	距今 8000 万年前	1978 年
栾川盗龙 Luanchuanraptor	距今 8000 万年	2007 年
大黑天神龙 Mahakala	距今 8000 万年前	2007 年
白魔龙 Tsaagan	距今 8000 万年前	2006 年
临河盗龙 Linheraptor	距今 8000 万年前	2010 年
驰龙 Dromaeosaurus	距今 7600 万年前至 7200 万年前	1922 年
西爪龙 Hesperonychus	距今 7500 万年前	2009 年
斑比盗龙 Bambiraptor	距今 7500 万年前	2000 年
恶灵龙 Adasaurus	距今 7400 万年前至 6500 万年前	1983 年
野蛮盗龙 Atrociraptor	距今 7000 万年前	2004 年
南方盗龙 Austroraptor	距今 7000 万年前	2008 年
火盗龙 Pyroraptor	距今 7000 万年前	2000 年
瓦尔盗龙 Variraptor	距今 7000 万年前至 6500 万年前	1998 年

学名	生存年代	命名年
* 侦察龙 Nuthetes	距今 1 亿 2700 万年前至 1 亿 2000 万年前	1854 年
* 联鸟龙 Ornithodesmus	距今 1 亿 3000 万年前	1887 年
* 朝鲜龙 Koreanosaurus	距今 8000 万年前	1979 年
* 大盗龙 Megaraptor	距今 8900 万年前至 8500 万年前	1997 年
* 乌奎洛龙 Unquillosaurus	距今 9900 万年前至 6500 万年前	1979 年
* 吐谷鲁龙 Tugulusaurus	距今 1 亿 4500 万年前至 9900 万年前	1973 年

注：＊为疑似属种

The basic knowledge mentioned in this book is all referred from scientific publications of different journals. The reconstructed pictures are our creations originated from related fossils and publications.

When examining these pre-historical lives from our perspectives, we are trying to humanize their thoughts and behaviors, so that it could bring you some reading pleasures and interesting imaginations occasionally.

We are eager to know your comments about the book.

本书提及的知识点都来自不同时期的科学论文。复原图片都是我们根据有关化石以及论文中的观点进行的创作。

当我们以人类的角色来思考本次文明之前的地球生命时，我们刻意为这些曾经统治过本星球的生命群体或者个体赋予了一定的人性色彩——这样可以使您的阅读更加愉悦并且产生一些美妙的联想。

我们渴望能了解您阅读本书之后的感受。

01 恐龙明星 DINO STAR

Dromaeosauroides 似驰龙

Dromaeosauroides might be the species with the least fossil records in Dromaeosauridae: Only one tooth was found, but it is the only dromaeosauridae lived in Europe in early Cretaceous.

似驰龙可能是驰龙科中拥有化石材料最少的物种，到目前为止只发现了一颗牙齿而已，但它却是早白垩世欧洲发现的唯一一种驰龙科恐龙。

基础驰龙科 Basic Dromaeosauridae

019 似驰龙 Dromaeosauroides

释义：奔跑蜥蜴的模仿者
体型：长 2.5 米至 3 米，高 1 米，重约 50 千克
生存年代：早白垩世
化石产地：欧洲西部，丹麦，博恩霍尔姆
命名者：Per Christiansen，Niels Bonde

026 栾川盗龙 Luanchuanraptor

释义：来自栾川的盗贼
体型：长 2.6 米，高 0.8 米，重约 30 千克
生存年代：晚白垩世
化石产地：亚洲东部，中国，河南
命名者：吕君昌等

035 大黑天神龙 Mahakala

释义：大黑天神
体型：长 0.7 米，高 0.3 米，重约 3 千克
生存年代：晚白垩世
化石产地：亚洲东部，蒙古国
命名者：Alan H. Turner 等

火盗龙 Pyroraptor 043

释义：火中的盗贼
体型：长 1.6 米，高 0.6 米，重约 20 千克
生存年代：晚白垩世
化石产地：欧洲西部，法国
命名者：Ronan Allain，Philippe Taquet

瓦尔盗龙 Variraptor 052

释义：来自瓦尔河的盗贼
体型：长约 1.8 米，高 0.5 米，重约 20 千克
生存年代：晚白垩世
化石产地：欧洲西部，法国
命名者：Le Loeuff，Eric Buffetaut

驰龙亚科 Dromaeosaurinae

驰龙 Dromaeosaurusr 065

释义：敏捷奔跑的蜥蜴
体型：长 1.8 米，高 0.6 米，重约 20 千克
生存年代：晚白垩世
化石产地：北美洲，加拿大，美国
命名者：Barnum Brown，Matthews

02 恐龙明星 DINO STAR

Pyroraptor 火盗龙

The fossil of Pyroraptor was found after a forest fire. It is the first Dromaeosauridae discovered in Europe, late Cretaceous, also the last ever lived.

火盗龙的化石是在一次森林火灾之后被发现的，它是欧洲发现的第一种晚白垩世驰龙科恐龙，也是曾经生活在欧洲的最后一批恐龙。

03 恐龙明星 DINO STAR

Microraptor 小盗龙

130 million years ago, west of Liaoning, China. Amidst the thick forest, a beautiful fairy with four wings, Microraptor, was flying.

1.3亿年前的中国辽西，薄雾笼罩着大地，藏青色在茂密的森林中流动。一只长着四个翅膀的小精灵在林间飞翔，这就是漂亮的小盗龙。

074 阿基里斯龙 Achillobator

释义：阿基里斯的蜥蜴
体型：长 4 米至 6 米，高 2 米，重约 700 千克
生存年代：晚白垩世
化石产地：亚洲东部，蒙古国
命名者：Altangerel Perle，Mark Norell

082 犹他盗龙 Utahraptor

释义：来自犹他州的盗贼
体型：长 5 米至 7 米，高 2 米，重约 800 千克
生存年代：早白垩世
化石产地：北美洲，美国，犹他州
命名者：James Kirkland，Robert Gaston

小盗龙亚科 Microraptorinae

093 小盗龙 Microraptor

释义：小盗贼
体型：长 55 厘米至 77 厘米，重约 1 千克
生存年代：早白垩世
化石产地：亚洲东部，中国，辽宁
命名者：徐星

羽龙 Cryptovolans 106

释义：隐藏的飞行者
体型：长 0.9 米，高 0.3 米，重约 2 千克
生存年代：早白垩世
化石产地：亚洲东部，中国，辽宁
命名者：Czerkas

纤细盗龙 Graciliraptor 113

释义：纤瘦的盗贼
体型：长 1.5 米，高 0.5 米，重约 15 千克
生存年代：早白垩世
化石产地：亚洲东部，中国，辽宁
命名者：徐星，汪筱林

西爪龙 Hesperonychus 120

释义：西部的爪
体型：长 0.6 米，重约 1.5 千克
生存年代：晚白垩世
化石产地：北美洲，加拿大，阿尔伯塔省
命名者：Nicholas R. Longricha，Philip J. Currieb

04 恐龙明星 DINO STAR

Graciliraptor 纤细盗龙

Graciliraptor is known to be the earliest member of Dromaeosauridae, which lived in the west of Liaoning, China. Millions of years later, its offsprings spread all over the world and became the most successful carnivorous dinosaurs, Dromaeosauridae.

纤细盗龙是我们已知的驰龙科最早的成员，诞生在中国的辽西，几百万年后，它的后裔们散布到世界各地，成为白垩纪时期最成功的掠食恐龙大军——驰龙科恐龙。

05 恐龙明星 DINO STAR

Sinornithosaurus 中国鸟龙

Although the discovery of Sinornithosaurus was a legend, it is yet not ending. The latest research indicates that it is a venom-master killer.

中国鸟龙的发现就已经是段传奇，但它却并不甘愿就此罢休。最新的研究表明它们是善用毒液的杀手，这在恐龙世界中也绝无仅有。

127 中国鸟龙 Sinornithosaurus

释义：来自中国的像鸟一样的蜥蜴
体型：长 1 米，高 0.4 米，重约 5 千克
生存年代：早白垩世
化石产地：亚洲东部，中国，辽宁
命名者：徐星，汪筱林，吴肖春

145 佛舞龙 Shanag

释义：佛教舞者的蜥蜴
体型：长 1 米，高 0.3 米，重约 3 千克
生存年代：早白垩世
化石产地：亚洲东部，蒙古国
命名者：Alan H. Turner 等

151 天宇盗龙 Tianyuraptor

释义：来自天宇自然博物馆的盗贼
体型：长 1.5 米至 2 米，高 0.7 米，重约 20 千克
生存年代：早白垩世
化石产地：亚洲东部，中国，辽宁
命名者：郑晓廷，董枝明、徐星，赵祺，尤海鲁

PT-ZCFY-CP-ST-00001

The Beauty of Science: How to reconstruct the dinosaur from its fossils

What is paleontology? Some may answer:"Fossils".

Correct, yet not exact. Fossils are the remains of ancient creatures after million years of geological changes. The creatures themselves have lived in this planet before human long time ago, and it is another work of paleontology to reconstruct their livings by examining the fossils we have found.

Here I will briefly introduce you how I reconstructed fossils of *Sinornithosaurus* into what he was 125 million years ago in the next 5 pages.

The first picture tells you the entire skeleton structure. All the separate fossils are "collected" from various scientific publications, so we have to read a lot to know the basics of dinosaurs.

In the third picture, you can see the muscles I pasted upon the skeleton. The tension of the muscle shows you that he is a strong and rapid animal. I want to show you how the muscles attached to the skeleton, so we can move to the second picture. Look at it closely, you can see the coordination of muscle and skeleton is so amazing when they were created.

Then is the skin in the fourth picture. As you see, the skin covers the muscle as well as the venom gland in the third picture. *Sinornithosaurus* is the first specie of dinosaurs discovered to have the venom gland.

Finally, feathers are drawn upon the skin in the fifth picture. You can see his feather is colorful, and beautiful. It is thought that the feathers are used for intimidation purpose.

For now I have briefly introduced you the processes of reconstructed pictures. It's time for you to enjoy the scenes you have never seen before in this book.

Thank you for your reading.

Chuang Zhao

感知科学之美

恐龙复原的过程及其美妙的个人感受

什么是古生物？有人说是化石。

但是，化石只是古生物的骸骨在经历了上亿年的地质变化之后形成的岩石模型。就像看到希腊神话中蛇发女妖美杜莎的双眼而变成石像的战士们一样，不再拥有鲜活的生命。

但在很久之前，骸骨的主人就像今天的你和我，都市外面的飞禽走兽，厨房里的蟑螂，情人节女孩们手中的玫瑰，以及一切拥有呼吸的生命一样，它们也曾经活着，也曾具有色彩，拥有情感和语言。那时候的它们才是我们所说的古生物。

古生物复原图，就是这些古生物生前的肖像画。

创作这些复原图的过程便是要建造一条时间隧道，把化石变成活着的生物！这是一件非常有趣但是却不那么容易的事情，这不仅需要把科学家们有限的数据从纸上站立起来，建立起正确的轮廓，还需要通过能找到的一切细小线索，尽可能准确地还原出它们活着的时候的真正面貌。

在众多早已消失的古生物中，恐龙家族最为著名，也最为神秘。而在庞大的恐龙家族中，驰龙科恐龙则是最为迷人的一支。

自从 1822 年吉迪恩·曼特尔医生（Gideon Mantell）通过有限的化石碎片，绞尽脑汁最终在纸上勾勒出一只鼻子长着尖角、用四肢爬行的禽龙样子后，第一张恐龙的复原图便出现了。只不过，到了将近两百年后的今天，禽龙早已不是曼特尔笔下的样子，新的证据在不断推翻老的观点——只要不能亲眼看到活着的恐龙，那么我们对它们的了解就有可能一直都是盲人摸象。这是复原古生物时最大的难点，同时也是最大的乐趣。

在本书的开篇，我用了五幅画向你描述我是如何通过人类现有的信息将一只驰龙科恐龙——中国鸟龙，还原成距今 1 亿 2500 万年前的样子的。

今天，科学家们已经找到了许多这种美丽动物的骸骨化石，这当然是我能够复原它们最为重要的信息。通过对这些标本中各块骨头的仔细测量，我们已经了解了这种恐龙的一些基本信息，比如它在各个年龄段中头部、身体、尾巴和四肢的比例。在本书中，我给大家展现的第一张图就是根据这些数据整理出来的成年中国鸟龙站立形态的完整骨骼。你可以看到它拥有轻盈的三角形头骨、巨大的眼窝、修长的四肢、以及长而锋利的牙齿和爪子。在这张完整的骨骼图上，你能看到它后肢弯曲的第 II 趾、独特的骨盆结构和被加长脉弧加固的尾巴，这些都体现出了驰龙科恐龙的基本特征。

骨骼化石留给我们的信息当然不只美丽的中国鸟龙身体的比例，事实上，我们还能从一些骨头的形状判断出其肌肉附着的位置，以及一条恐龙在正常身材情况下肌肉的大小。第三幅画就是根据这副骨架建立起来的肌肉分布图，图中强壮的腿部肌肉显示出这是一种后肢有力、行动迅速的动物。第二幅画则是中国鸟龙的肌肉与骨骼重叠的画面，我希望这张画能够使你清楚地看到肌肉是怎么样附着在骨头上的。

在第三张画中，除了肌肉我还根据骨骼化石复原了中国鸟龙的爪子。对比第一张图，你会发现画中的爪子比骨骼大出许多。没错，你的观察力很仔细，不过，请注意，恐龙爪子的长度并不只是化石保存的那个尺寸，化石只保存了爪子的骨头部分，而动物活着的时候在骨头外面还有一层角质鞘，那才是真正的爪子。这种结构其实和猫的爪子，以及牛羊的角的结构是一样的。所以，爪子生前会比化石长出许多。这一点，我在本书中所有的骨骼图上也都表现了出来，即骨骼外面代表生前体型的灰色区域。值得注意的是，就如同猫一样，恐龙也会经常去打磨这些爪子，让它们变得更锋利。

在我的复原图上，你还能看到中国鸟龙巨大的眼睛。恐龙的眼睛不像人类或者其他哺乳动物，它几乎没有外露的眼白，这一点与鸟类相似。并且，恐龙的眼睛拥有加固的巩膜环，这使它的眼睛看上去不太像球形而更像一个略扁的圆锥体。在中国鸟龙的上颌前部有一个绿色的腺体——毒腺，这是一个新的发现，使中国鸟龙成为人类所知的第一种拥有毒牙的恐龙。而在之前的骨骼图上，你就能看到毒腺、毒腺与牙齿相连的孔洞以及牙齿上传送毒液的凹槽的位置。

第四张画是加上皮肤以后中国鸟龙的样子，这当然也是根据骨骼与肌肉而复原的。从这张图上，你就可以看到中国鸟龙生前的大致轮廓了。

更加完整的标本则保存了中国鸟龙皮肤上面的覆盖物——毛发。最后这幅画便是它长有毛发的样子。

毛发的发现打破了上个世纪以前人类对恐龙相貌的印象，即身披鳞甲的爬行动物形象。中国鸟龙浑身披满松软的茸羽，而化石显示出它身体上有几处的毛发格外长，比如脖子和身体后部，这些部位的毛发应该是起到性炫耀与恐吓的作用。这一情形在现代动物中也很常见，比如雄狮脖子上威风凛凛的鬃毛，斗鸡在搏斗时脖子上竖起的羽毛，猫在发怒时后背竖起的毛发等等。所以，由此推断，中国鸟龙在向猎物进攻时身上的羽毛肯定也会竖立起来，让自己的模样变得非常夸张。这一形象的中国鸟龙的复原图，你可以在本书讲述中国鸟龙的章节中看到。

中国鸟龙的前肢和尾部都长有很完善的飞羽，就像鸟类那样，这也暗示了驰龙科恐龙与鸟类的密切联系。虽然这些飞羽无法让它飞行，但当它快速奔跑与转向，以及从高处跳下的时候，这些羽毛就会起着方向舵以及降落伞的作用。现在的一些无法飞行的鸟类，如鸵鸟，正在用它们的翅膀做着同样的事情。

不过，因为证据的不足，现在我们还无法准确复原出大部分恐龙的颜色，我们只能根据动物生活的环境比照现代生物的颜色规律来合理推测。比如这只中国鸟龙，它是生活在森林中的小型恐龙，所以，它的身体的颜色被设定为了深色底色带有浅色斑纹，这种配色是森林中小动物的常用保护色，如梅花鹿和啄木鸟，它的作用是用来模拟阳光穿过树叶时产生的散碎光斑。同时作为一种有毒的动物，中国鸟龙很有可能具有鲜艳的警戒色，比如在这张画中，我给它设定的黄色与深蓝色的搭配，这是与今天美洲的毒蜥以及一些毒蛇相类似的颜色。

以上便是我在创作复原图的过程中的一些原理和感悟，我希望这本书能够使你对远古逝去的世界有所了解。虽然我们没有时间机器，不能穿越时间重返恐龙世界，但是我们依然能从这些复原画中欣赏和了解到那些神秘的恐龙。

赵闯

2010 年 9 月 1 日

All facts of nature have proved one thing: The deadly danger is always covered by an absolute beauty. About 65 million years ago, the sharp–claw legion that has conquered our planet for 100 million years must be the most beautiful dinosaurs ever exist in history. As a globally distributed predatory family, the glamorous *Dromaeosauridae* have influenced the biological evolution by their sudden attack from out of nowhere. The poor Cretaceous animals may never understand till their death: Why the appearance of such ferocious enemy could be so charmingly pretty? How could they quietly hover upon us, and attack so mercilessly?

All these questions still puzzle us human, a new generation of dominators, today. Within our short historical annotations, beauty still entangled with the fiercest slaughters. So, to understand the legend of *Dromaeosauridae* could be fascinating.

自然界的事实早已经证明：美貌冠绝天下的事物一定隐藏着致命的危险。6500 万年前，驰骋中生代长达一亿年之久的利爪兵团毫无疑问是史上最漂亮的恐龙。作为一个影响了生物演化史的全球掠食家族，美丽的驰龙科恐龙总是会在悄然间出现在猎物的身旁。也许那些倒霉的白垩纪动物死了也不会瞑目：为什么凶残无比的敌人的外表是如此赏心悦目，为什么它们总是旋风般飘然而至，然后毫不留情地发动猛烈袭击？

这样的疑问到了今天依然困惑着地球上新一代的统治者。在人类短暂的历史记载中，美貌总是和最凶残的杀戮联系在一起。所以，了解驰龙科恐龙的传奇一定是一件十分美妙的事情。

Dromaeosauridae: An ultimate legend about beauty and ferocity

A recurrence for the cretaceous sharp-claw legion on their glamorous appearance and ferocious preying

驰龙科：一个关于美丽和凶残的极致传说

再现白垩纪利爪兵团艳丽无比的外表以及惊险传奇的掠食过程

PW-JH/YYKP-G-00001

时光退回到亿万年前，在湿润辽阔的濒海平原上、在幽深神秘的山谷中、在繁密茂盛的森林里、在浩瀚空旷的沙漠间，都生活着这样一群独特的肉食性恐龙。

它们披覆着艳丽的羽毛，在闷热的空气中，时常以惊人的弹跳力，在这片广阔的土地上展现着它们纤细而极富流线型的完美身材；

它们常常温顺而悠闲地漫步在茂密的森林中，却在敌人放松戒备的时候，凶恶地露出它们嘴里匕首状的牙齿和脚上锋利的镰刀状爪子。只需一次攻击，敌人就会毙命；

它们喜欢结伴而行，但并不常常暴露自己，它们聪慧而灵敏，时常躲在暗处就能出其不意地对自己的猎物抛出致命的一击；

它们随风而来，有着迅捷的速度，它们中的一些甚至将双手和双脚都转化成翅膀，像鸟一样在广阔的天空中自由飞翔。

它们就是驰龙科恐龙，恐龙王国中天生的杀戮机器。它们被尊称为白垩纪的苍狼，一群完美的掠食者。

如果你现在还不能想起它们是谁，那么请回忆一下《侏罗纪公园》、《恐龙星球》和《恐龙杀手真面目》中那些凶残但却极富智慧的恐龙吧，这些早已经在无数影片和纪录片中名扬四海的家伙们便是驰龙科——恐龙家族的明星，最为著名的肉食性恐龙类群之一。

从这里开始，我们将带你了解驰龙科恐龙，带你走入神秘的恐龙王国。

驰龙科属于恐爪龙下目，在正式介绍驰龙科之前，我们有必要先交待一下恐爪龙下目。恐爪龙下目是一大群双脚第 II 趾长有弹簧刀一样利爪的食肉恐龙的统称。这个类群由两个科组成，一个是伤齿龙科，另一个就是本书的主角——驰龙科。

1922 年，古生物学家巴纳姆·布朗（Barnum Brown）和 W.D. 马修（W.D. Matthew），将几类身体轻盈的中小型恐龙归在一起，建立了一个新科。他们用“Dromeus”（来自古希腊文“δ ρ ο μ ε υ ς”，意为“奔跑”）和“Sauros”（来自古希腊文“σ α υ ρ ο ς”，意为“蜥蜴”）将这个科命名为 Dromaeosauridae，即驰龙科。当时的这个驰龙科还包含着许多其他恐龙，比如伤齿龙等。直到 1998 年，美国著名古生物学家保罗·塞里诺（Paul Sereno）将驰龙科重新进行了定义，驰龙科才变成了今天的驰龙科，成为包含驰龙，但不包含伤齿龙、似鸟龙以及鸟类的最大天然族群演化支。

名词解释

生物分类学是研究生物分类的方法和原理的生物学分支。分类就是遵循分类学原理和方法，对生物的各种类群进行命名和等级划分。目前，分类系统通常包括七个主要级别：种、属、科、目、纲、门、界。种（物种）是基本单元，近缘的种归合为属，近缘的属归合为科，科隶于目，目隶于纲，纲隶于门，门隶于界。随着研究的进展，分类层次不断增加，单元上下可以附加次生单元，如总纲（超纲）、亚纲、次纲，总目（超目）、亚目、次目，总科（超科）、亚科等等。此外，还可增设新的单元，如股、群、族、组等等，其中最常设的是族，介于亚科和属之间。

名词解释

演化支是一个分类学的类别，包含着单一的共同祖先及其所有后裔。任何一个演化支都可以说是一个单系群，并以种系发生学的树状图或支序分类学的演化树来表示。

由于电影《侏罗纪公园》的热映，伶盗龙（Velociraptor)被捧为明星，驰龙科也因此在许多非正式文献中被称为盗龙“Raptor”。不过，在古生物学家看来，“Raptor”这个单词似乎更适合用于驰龙科下属种学名的后缀。

目前驰龙科下存在5个亚科：驰龙亚科（Dromaeosaurinae）、小盗龙亚科（Microraptorinae）、蜥鸟盗龙亚科（Saurornitholestinae）、半鸟亚科（Unenlagiinae）及伶盗龙亚科（Velociraptorinae）。

长期以来古生物学家都认为驰龙科是北方大陆特有的恐龙类群。的确，从目前发现的化石来看，它们主要分布在北方的劳亚大陆上，包括亚洲、欧洲及北美洲。

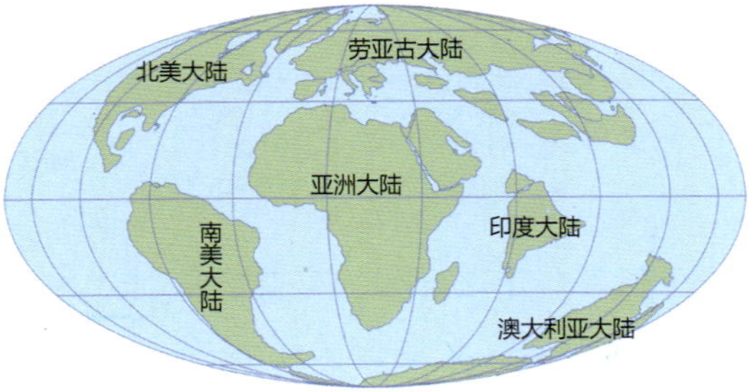

在驰龙科最为繁盛的早白垩世，中国的辽西集中出现了大量的驰龙科成员，包括小盗龙、中国鸟龙、天宇盗龙、羽龙等等，这些驰龙科中的一部分成员，四肢已经特化成了四翼，能够像鸟一样自由飞翔。

而在其他地方出现的驰龙科，比如恐爪龙、南方盗龙、鹫龙等等，虽然它们都属于驰龙科，但是在形体上与中国辽西出现的驰龙科已经有很大的差别。

而到目前为止，最古老最确凿的驰龙科恐龙是产于中国东北、距今约1亿3500万年前的纤细盗龙。它们与随后出现的小盗龙等驰龙科恐龙在形体上存在着很大区别，但却与鹫龙等在形体特征上有一些共同点。因此，后来在南半球上生存下来并繁衍生息的驰龙科，很可能从纤细盗龙开始就已经成功

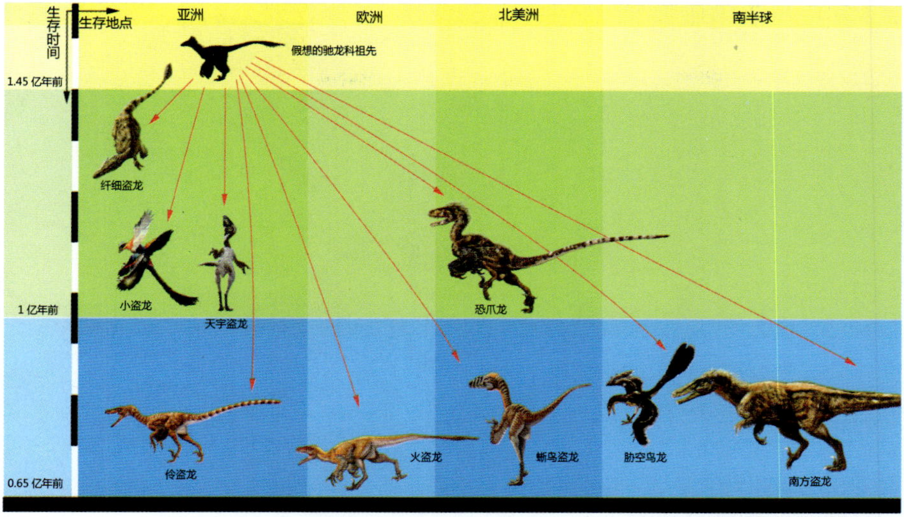

PT-ZCFY-QT-00001

地迁徙到了世界各地。

由此看来，在中生代的地球上，驰龙科的足迹几乎遍布世界各地，它们是世界上分布最广泛的恐龙类群之一。并且，驰龙科的生存时间在恐龙家族中也是数一数二的。如果以最早的牙齿化石记录来计算，驰龙科在地球上生存了至少 1 亿年，而按照确凿的骨骼化石计算，驰龙科也延续了 7000 万年之久，该科内的许多成员作为最后一批恐龙，见证了恐龙帝国的崩溃。

在肉食性恐龙世界中，驰龙科并没有太大的优势，这当然是从最直观的体型上看的。驰龙家族中体型最大的成员犹他盗龙，身长不过也只刚刚超过 6 米，体重不到 1 吨。而体型最小的成员是小盗龙和西爪龙，身长只有 0.5 米，体重约 1.5 千克，差不多跟一只鸡一样重。而与其他动辄十多米长，五六吨重的巨型恐龙相比，驰龙科只能算是些小不点儿。

不过体型并不能代表一切。这些大部分在 1 米到 3 米之间的驰龙科恐龙，却被很多古生物学家称作最成功的小型肉食性恐龙、完美的猎人。它们堪称白垩纪最高效、最强势的小型掠食者。

小盗龙 中国鸟龙 犹他盗龙 伶盗龙 恐爪龙

恐龙的分类

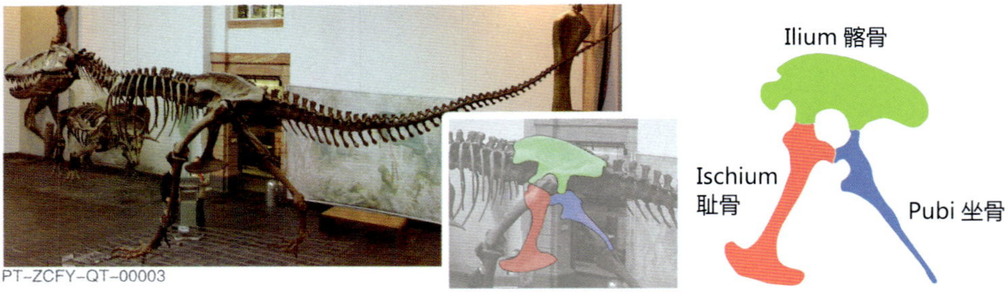

PT-ZCFY-QT-00003

蜥臀目（Saurischia），意为“蜥蜴的髋关节”。蜥臀目的骨盆形态比较接近早期的祖先，耻骨朝前，坐骨向后。上图是一具暴龙的化石，是非常典型的蜥臀目恐龙，它的骨盆清晰地显示出了上述特征。

PT-ZCFY-QT-00004

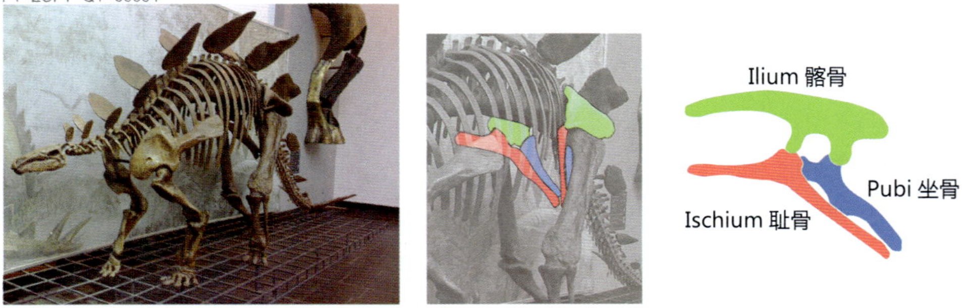

鸟臀目（Ornithischia），意为“鸟类的髋关节”。鸟臀目的骨盆结构类似于鸟类，但是它们与鸟类没有任何关系。鸟臀目的耻骨外形类似澳大利亚人使用的“飞去来器”，一端朝向后方，另一端向前，而坐骨向后。你可以从上图这只鸟臀目的剑龙身上看到这一点。

特殊的驰龙科

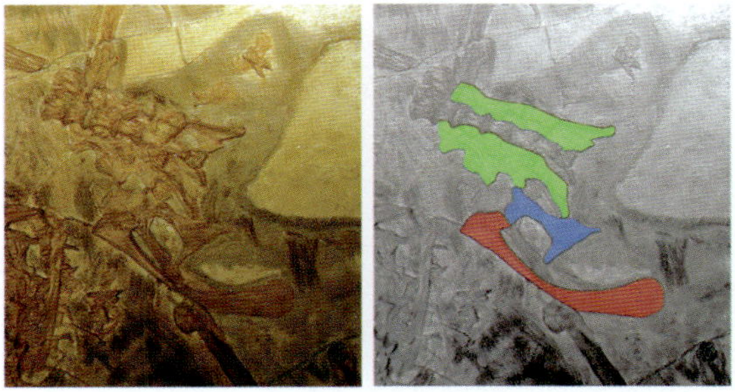

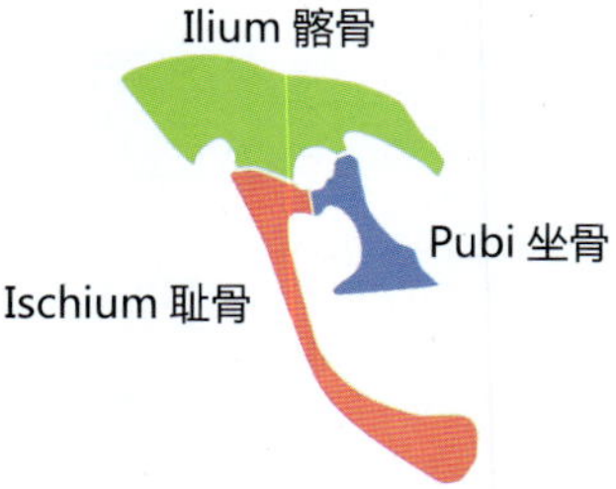

PT-ZCFY-QT-00005

驰龙科属于蜥臀目，其盆骨结构有着蜥臀目的一般特征，同时又具有自身的特点。驰龙科的耻骨末端的骨凸缩小，而且向后弯曲，就像书法中重重的“捺”。驰龙科的坐骨缩短，末端骨凸却扩大，并与耻骨靠近。总体上看，驰龙科的骨盆前部缩小，后部扩张，结构与今天的鸟类相似。上图为中国鸟龙的骨盆特写

镰刀龙超科等恐龙类群也表现出了与驰龙科恐龙相似的骨盆结构特征，左图为阿拉善龙化石。

之所以对这群身材并不强壮的小家伙有如此高的评价，那还得归功于它们独特的身体结构。

PT-ZCFY-JX-00004

驰龙科的头骨细长，颅部膨大，这表明它们拥有较高的智商；

PT-ZCFY-JX-00005

驰龙科的牙齿齿缘带有锯齿，强烈后弯，这种牙齿特别容易撕裂猎物，并且能有效地防止猎物脱逃；

PT-ZCFY-JX-00006

驰龙科的颈部较短（一般由 8 至 9 节颈椎骨组成），躯体较长（一般由 13 至 14 节背椎骨组成），荐椎骨最多为 4 节，尾巴细长，具有骨化肌腱，尾椎骨有长脉弧及前突。这样的身体结构让它们的身体足够强壮，并且拥有极好的平衡感，即使是在快速的奔跑中也不容易摔倒；

PT-ZCFY-JX-00007

驰龙科的前肢细长，腕骨特殊，手掌上长有 3 个爪子，每个爪子上的末端都有锋利的弯钩，这些便是它们在捕杀时的强大武器；

PT-ZCFY-JX-00008

驰龙科的后肢长而健壮，长有 4 个爪子，肌肉发达，具有很强的爆发力。在它们遇到猎物的时候，后肢便不再是简单的运动器官，强大的爆发力直接给它带来了强大的捕食力量；

PT-ZCFY-JX-00009

不要以为上面的这些“家伙”就已经很厉害了，驰龙科最生猛的捕食工具还没出场。无论是在图中还是在电影中，我们都能看到，站立着的驰龙科总是以后肢上的第 III 趾和第 IV 趾接触地面，支撑身体，而第 II 趾则像一把锋利的镰刀一般，骄傲地翘了起来。当然，这并不只是一个唬人的装饰品，能够自由收缩的这个爪子，可以快速而灵活地刺入敌人的身体并且切割它们的要害部位。

PT-ZCFY-JX-00010

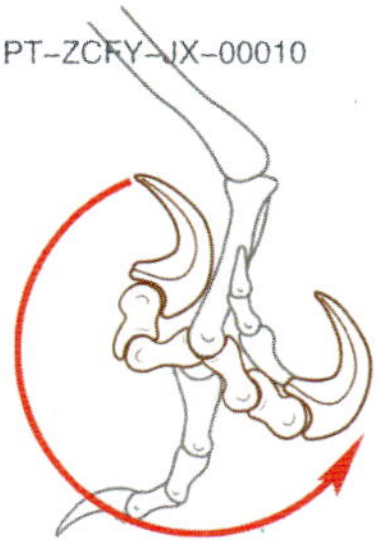

“镰刀爪”的活动范围

PT-ZCFY-JX-00011

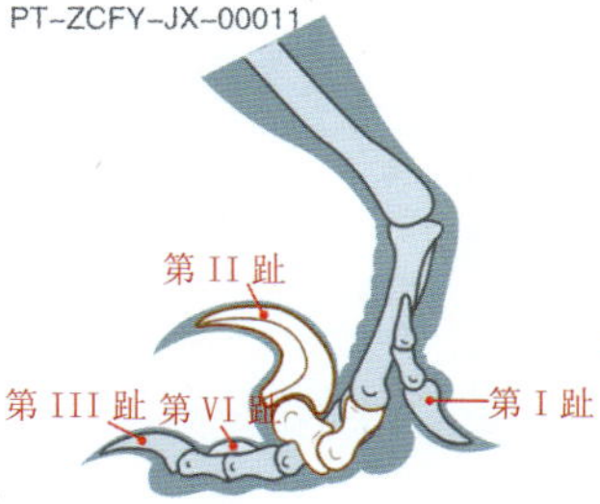

行走时第 II 趾的姿势

PT-ZCFY-JX-00012

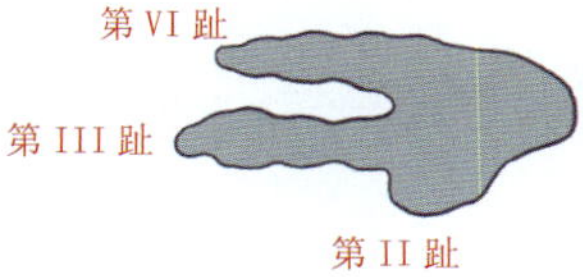

驰龙类的足迹形状，以及对应的脚趾

于是，驰龙科很自然地成为一群武装到牙齿的嗜血杀手，就像《侏罗纪公园》中格兰特博士吓唬小孩子所说的：“对它们最好有点儿敬畏之心。”

除了在恐龙家族中的显赫地位，驰龙科在鸟类起源的研究上同样具有重要而特殊的意义。驰龙科在形态上已经非常接近早期鸟类，其颅后骨骼形态上已经与大多数恐龙不大相同，反而具有许多早期鸟类的特征，某些属种的肩带（连接前肢与脊椎骨的骨骼）结构与始祖鸟几乎没有什么差别，比如中国鸟龙。虽然中国鸟龙并不能飞行，但是在其骨骼结构上已经产生了一系列能够适应飞行的进化，骨骼系统已经完全具备了拍打前肢的能力，是一种典型的预进化模式。中国鸟龙也发育有细丝状皮肤衍生物，而更直接的证据显示出伶盗龙和小盗龙生有发育完善的飞羽，尤其是小盗龙，不但前肢变成了翅膀，后肢也生有飞羽，成为第二对翅膀。这在所有的动物界中是绝无仅有的。

你可以说它们是群嗜血的杀手，也可以说它们是群优雅的猎人。这就是驰龙科，它们以自身的迅捷、凶残及智慧赢得了盛名，成为白垩纪的苍狼。

PT-ZCFY-CT-00002

基础驰龙科
Basic Dromaeosauridae

PT-ZCFY-CP-ST-00002

As the bravest warrior, also the most responsible father of *Dromaeosauridae* family, Paulsen's tragedy is not his death in the European continent, but an accidental discovery of his teeth fossil by human millions of years later. For that reason, this three-meter male dinosaur has been given a "pathetic name": *Dromaeosauroides*. It could be said that Paulsen is a poor Cretaceous dinosaur, since he rashly attacked a *Camptosaurus* for a meal of his son. The differences on strength and size offered him a death of wilderness. Undoubtedly, we human should pay our respect to this honorable father. However, Paulsen must be unhappy to his naming: Why do human name a real Dromaeosauridae to Dromaeosauroides?

作为驰龙家族最勇敢的战士和最优秀的父亲之一，鲍尔森的悲剧不是它最后战死在欧洲大陆，而是在它死去亿万年之后，一种叫做人类的新生动物偶然间发现了它的一颗牙齿化石。为此，这只身长接近 3 米的雄性恐龙有了一个非常失败的名字：似驰龙。可以说鲍尔森是一只可怜的白垩纪恐龙，它为了自己的儿子可以吃顿饱饭竟然贸然袭击体积是它数倍的同时代的弯龙，最后因为力量太过于悬殊而暴尸荒野。毫无疑问，人类应该为这只伟大的恐龙父亲致以崇高的敬意，但鲍尔森它一定不会满意那个毫无特点的命名：为什么人类要把一只真正的驰龙命名为似驰龙。

Dromaeosauroides: A pathetic name for an European wanderer

Copenhagen: A dinosaur hypothesis proposed by a tooth fossil

似驰龙：漂泊在欧洲大陆的恐龙被人类起了一个糟糕的名字

哥本哈根：由一颗牙齿化石引发的恐龙猜想

PW-JH/YYKP-G-00002

中文名称：似驰龙
学　　名：Dromaeosauroides
释　　义：奔跑蜥蜴的模仿者
体　　型：长 2.5 米至 3 米，高 1 米，重约 50 千克
生存年代：早白垩世
化石产地：欧洲西部，丹麦，博恩霍尔姆
命名者：Per Christiansen，Niels Bonde

可怜的丹尼尔泪水涟涟地躺在父亲鲍尔森的怀里，周围弥漫着一股浓重的血腥味，它似乎预感到了什么。

鲍尔森沉重地喘息着，肚子上一个裂开的口子随着它的呼吸一张一合，鲜血越流越多，一直流到了丹尼尔的脸上。它想把爪子盖到这个口子上，可是爪子只是举到了半空中，便再也没有力气弯下来了。

丹尼尔害怕地看着这一切，它还很小，刚刚那么激烈的场面，它以前几乎没有经历过。虽然在丹尼尔被孵化出来没多久，鲍尔森就已经教会了它捕食猎物的本领。它们的家族拥有锋利的杀戮工具——那个长在脚上的镰刀状的脚趾，它们是天生的好杀手，不过，鲍尔森还是不放心，它总是保护着丹尼尔，为它捕猎，生怕它受伤害。所以直到现在，丹尼尔都没有正经地去抓过猎物。

原本这是个美好的下午，鲍尔森和两个同伴带着丹尼尔出门捕猎，它们今天只是把食物瞄准了弯龙，一种只吃植物的恐龙。虽然弯龙的体积几乎是似驰龙的三倍，但是在它们面前，略带笨拙的弯龙并不显得十分强大。

它们的运气似乎不错，还没走多远，鲍尔森便看见远远地一只弯龙朝它们走来。它给丹尼尔使了个眼色，让丹尼尔躲在树后面。它总是认为丹尼尔还小，这样的捕猎行动只能由它来主宰。

鲍尔森和其他两只似驰龙没有和弯龙碰面，它们并不喜欢这样简单的对决，它们把自己隐藏在了附近的树丛中，等这只弯龙走过树丛的时候，似驰龙们好从后面扑上去。鲍尔森在捕猎方面很有一手，从来不会硬碰硬，所以，它们的家族在恐龙家族中也属于相当聪明的一类。

鲍尔森瞅准了机会，一只弯龙从它的眼前刚刚走过，它便悄悄地从树丛中钻了出来，猛的一下扑到了这只弯龙的身上，其他两只似驰龙也紧随其后，它们迅速地和这只弯龙扭打在一起。

显然，鲍尔森低估了对手的力量，包括它在内的三只似驰龙在战斗刚刚开始不久便感到自己根本不是敌人的对手。果然，弯龙趁鲍尔森向上跃起的时候，用它圆锥形的大拇指冲着鲍尔森的肚子狠狠地扎了下去。突如其来的疼痛让鲍尔森发出撕心裂肺的叫声，它下意识地低头想要看自己的肚子，这时候，弯龙又抓住了机会，粗壮而有力的尾巴，直接扫到了它的脸上。

一声巨响带着一股巨风，鲍尔森的嘴巴里顿时充满了血腥味。它猛然张开大嘴，将嘴巴里的血吐了出来。一颗牙齿被打落了，随着鲜血掉在了泥沼里。鲍尔森来不及判断自己究竟哪里出了问题，它只觉得眼前一片模糊。

鲍尔森艰难地转过身去，它模模糊糊地看到丹尼尔从树丛中冲了出来，朝它的方向跑来。它把丹尼尔紧紧地护在自己的身下，也不知道背上究竟被打了多少下……

三只弯龙与大型的蜥脚类恐龙腕龙共同进食。

弯龙体长6米至8米，臀高2米，体重700千克至1吨，是早期鸟脚类中体型最大的成员。弯龙生活在晚侏罗世至早白垩世的北美洲和欧洲，经常组成群体，四处迁移。弯龙是一类非常成功的动物，与著名的禽龙有着很近的亲缘关系，它们的身体结构代表了后来中型植食性恐龙的发展方向。在恐龙时代，身材相对矮小的弯龙总是伴随更加高大的植食恐龙，捡它们吃剩的树顶嫩叶。这情景就像今天非洲的羚羊跟着长颈鹿一样。

获胜的弯龙现在也已经筋疲力尽了，它快速地离开了现场。它可不想再等鲍尔森它们反击，这样它很可能会沦为它们口中的食物。可是，看着弯龙逃跑的身影，只有鲍尔森知道，自己恐怕支撑不了多久了。

鲍尔森并不害怕死亡，只是放心不下丹尼尔。它就这样让丹尼尔躺在自己的怀里，这可能是它最后幸福的时光了。

并没有再次等到天亮，鲍尔森便永远地闭上了眼睛，丹尼尔和两只成年似驰龙一直守着它。

很多个月以后，这里爆发了洪水，丹尼尔不得不和其他的伙伴一起迁徙，它父亲的尸体也随着洪水漂到了遥远的地方。

几亿年以后，这里成了丹麦北部的一个小岛——博恩霍尔姆。而几个年轻人居然在这里发现了一颗动物的断齿。

那是一个阴雨连连的下午，几个十八九岁的年轻人在这里散步。地上满是青草和散落的碎石，其中一个年轻人在不经意的低头的瞬间，注意到了躺在地面上的一块石头。这块石头在地上的一堆碎石中格外扎眼，因为它的形状很奇特，这

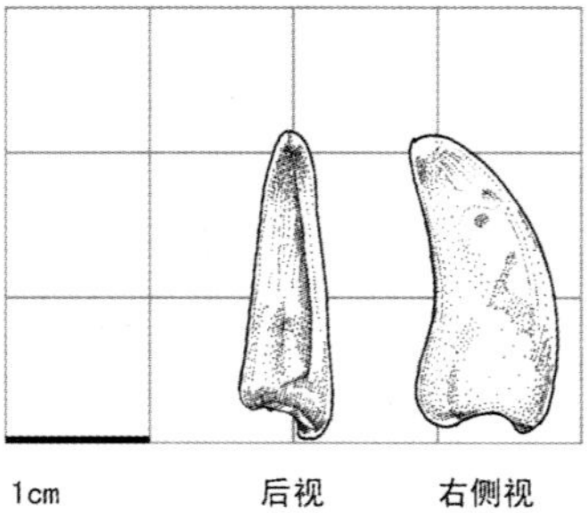

PT-ZCFY-JX-00013

上图为似驰龙牙齿的前、侧面素描图
右图为推测的似驰龙牙齿位置

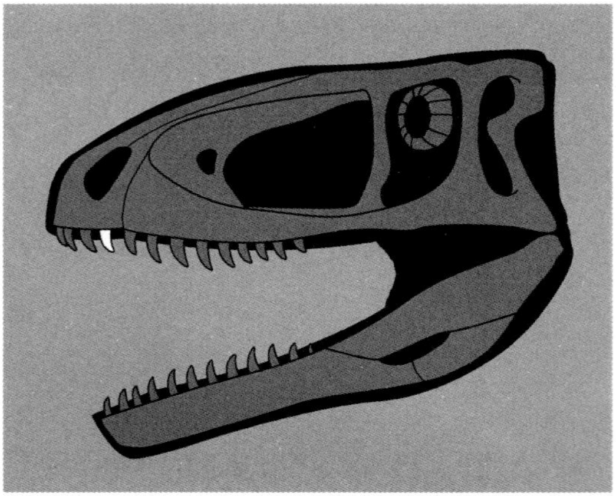

PT-ZCFY-JX-00014

PT-ZCFY-QT-00006

一点引起了其中一个年轻人的兴趣。他俯下身子将这块小石头捡起来，放在手心仔细端详。这时候，几个朋友也都围了上来，他们发现这块石头的外形很像是一枚断裂的动物牙齿。于是年轻人将这块石头包好，送到了最近的地质研究所。

这颗牙齿长 2.1 厘米，形状为向后弯曲的侧扁圆锥形，看起来像一把没有柄的匕首。牙齿的边缘布满细小的锯齿，这显示出这颗牙齿的主人是一只肉食动物，而且牙齿前端高度磨损，很可能它是经过长期使用最终脱落下来的。根据牙齿的形状和长度来判断，研究人员推测，这颗牙齿位于嘴部前段，牙齿的主人属于驰龙科。

2003 年，古生物学家佩尔·克里斯坦森（Per Christiansen）和奈尔斯·邦德（Niels Bonde）就这颗牙齿化石发表了相关的研究论文，描述并命名了似驰龙，而这颗作为参照物的牙齿目前保存于丹麦的哥本哈

名词解释

模式种，Type species，是生物分类学上的一个名词，通常将被首次发现，且被描述并发表的物种定为模式种。

根地质博物馆中。

似驰龙(属名Dromaeosauroides),学名来自古希腊文中的“δ ρ ο μ ε υ ς”(意为“奔驰”)及“σ α υ ρ ο ς”(意为“蜥蜴”),意思是“奔跑蜥蜴的模仿者”。似驰龙的模式种,被命名为博恩霍尔姆似驰龙(Dromaeosauroides. bornholmensis,种名代表其化石发现地,丹麦的博恩霍尔姆。由于发现化石的地层位置并不清晰,古生物学家只能大概判断似驰龙生存于早白垩世的欧洲,体长在 2.5 米至 3 米之间,是欧洲已知早白垩世唯一确认的驰龙科恐龙。

知识点:

1. 似驰龙可能是驰龙科中拥有化石材料最少的物种,到目前为止只发现了一颗牙齿而已。

2. 似驰龙是一种伶俐的肉食性恐龙。

3. 似驰龙是目前欧洲发现的唯一生活在早白垩世的驰龙科恐龙。

参考资料:

Bonde, N., Andersen, S., Hals, N., and Jakobsen, S.T. (2008). Danekræ – Danmarks bedste fossiler. Copenhagen: Gyldendal. pp.224

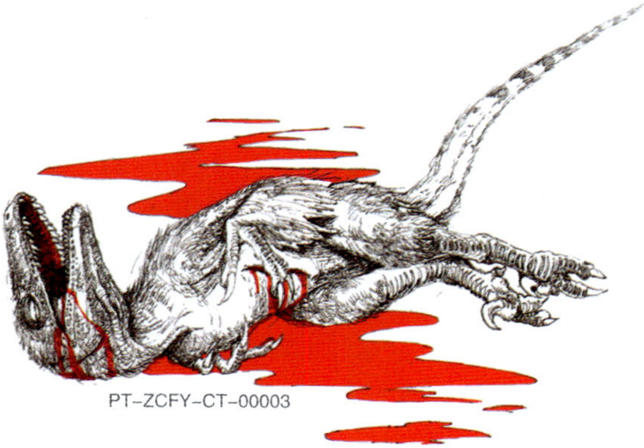

PT-ZCFY-CT-00003

It is believed that Luanchuan must be an amazingly attractive place 80 million years ago. *Luanchuanraptor* Allor was an elegant dinosaur living in the dense Mesozoic forest. He liked to capture small lizards by himself, or attack bigger herbivorous dinosaur with the assistance of group. Even *Huanghetitan* may sometimes be their target of prey. Maybe the paleontologists do not like their manner of preying, so they called them "rap". Actually, "raptor" is a suitable name for Allor, since he has to learn ambush and stealing with his relatively inferior power.

相信在 8000 万年以前，栾川一定是一个景色迷人的神秘之地。在茂密的中生代森林里，驰龙阿洛是一只优雅的恐龙。它喜欢毫不费力地独自捕获比它弱小的蜥蜴。当然它有时候也会和同伴一起攻击身材高大的其他素食恐龙。就连同样出没在栾川一带的黄河巨龙有时候也会成为阿洛它们的捕猎目标。也许古生物学家不太喜欢阿洛它们的行事风格，就把阿洛它们家族的名字给加了一个“盗”字。其实盗龙这个名字还是蛮适合阿洛的，与同时代的恐龙相比，阿洛它们的身材总是处于劣势，偷袭或者偷盗是它们重要的生存手段。

Luanchuanraptor: An elegant hunter dwelling around Yellow Rivers

Reconstructing the mediocre life of a raptor

栾川盗龙：蜗居在黄河流域的优雅猎手

还原一只盗龙的平庸生活

PW-JH/YYKP-G-00003

中文名称：栾川盗龙
学　　名：Luanchuanraptor
释　　义：来自栾川的盗贼
体　　型：长 2.6 米，高 0.8 米，重约 30 千克
生存年代：晚白垩世
化石产地：亚洲东部，中国，河南
命名者：吕君昌等

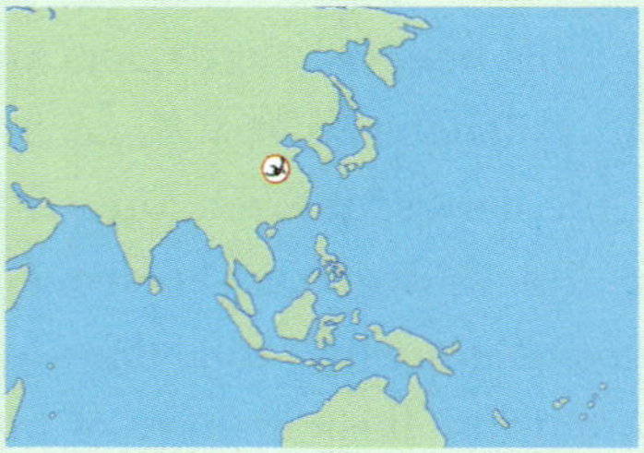

太阳沉沉的几乎要坠到了地下，剩余的朱砂红将茂密的森林浸成了一片紫色。这一天，栾川盗龙阿洛的运气似乎都不是很好，从早晨到现在，它竟然都没能抓到一只猎物。

饥肠辘辘再加上闷热的天气，让阿洛看起来不再那么友善，它佝偻着因为无力而有点弯曲的身子，露出凶狠的目光，紧紧地盯着周围。

忽然，在阿洛左边的蕨类植物中传来了一阵“沙沙”声，阿洛屏住了呼吸，凭它的经验，它知道在那里一定有一只或几只蜥蜴在活动。

通常这里出没的蜥蜴体型都不大，平日里，阿洛并不喜欢把自己的力气都耗费在这种小家伙身上。可现在，哪怕是一只小小的蜥蜴，对阿洛来说都是一顿盛宴。

巨大的巨龙类——汝阳黄河巨龙在一小片长满苏铁和桫椤的湿地上尽情地吃着新鲜的食物，许多鸟类把它宽大的后背当做它们路途中的客栈，纷纷停在上面歇脚。前方不远处，栾川盗龙踩着一棵倒下的树干轻快地跑过。

果然，就在阿洛紧紧地盯着刚刚晃动的绿叶的时候，一只褐色的小蜥蜴不紧不慢地从树丛中探出了脑袋。它S形地扭动着自己的身体，惬意地感受

PT-ZCFY-QT-00007

着黄昏的温暖，并不知道巨大的危险正在迅速地向它靠近。

只等着小蜥蜴从深绿色的蕨类植物中钻出来之后，满身长满绒毛的阿洛拖着长长的尾巴，迅速朝它奔了过去。它抬起右脚，准确无误地朝小蜥蜴踏去，它并不想把蜥蜴踩死，这不是它一贯捕获猎物的招数。只见阿洛的右脚在空中停留了刹那，然后向前一倾，脚上那个骄傲地挺立着的镰刀一般的脚趾便深深地刺入了蜥蜴的身体里。这只锋利的脚趾，是阿洛的杀手锏。即使它现在已经饥肠辘辘，但是这匕首的威力依然不减。

这突如其来的攻击几乎夺去了蜥蜴的性命，但是它还在做着最后的挣扎。已经饿极了的阿洛并不想给蜥蜴任何机会，这可能是它今天唯一能吃到的食

PT-ZCFY-CP-ST-00005

物了。它低下大大的脑袋，一口咬住了蜥蜴的脖子。蜥蜴没挣扎几下，便停止了摆动。

阿洛稍稍喘了口气，准备独自享用这并不太丰盛的晚餐。

就在这个时候，只听见几声尖叫，一片黑影完全遮挡了阿洛头顶上仅剩的光线。它还来不及抬头去看，数张坚硬的嘴便在它脸上猛烈地啄了起来。巨大的疼痛让阿洛来不及反应，它猛叫一声扔掉了嘴里的蜥蜴。随即，那群黑影从它的脸上四散而去，直奔那只小小的蜥蜴尸体。

阿洛定睛一看，原来是一群大鸟。它不知道，就在它盯上蜥蜴的时候，这群大鸟早已经死死地盯上了它。

大鸟们中的一只叼起了蜥蜴，它盯着对面的一棵树，看来，它打算把这只抢来的食物运送到树上去。

它展开翅膀，准备一跃而起。

在旁边的阿洛从刚才的疼痛中恢复了过来，它几乎没有犹豫，咆哮着向这群大鸟冲了过去，愤怒的声音在树丛中回荡。

大鸟们被这声惊叫吓得四散而逃，迅速地展开翅膀向树上蹿去。在陆地上，它们从来都不是清醒着的阿洛的对手。

蜥蜴被大鸟从嘴巴里吐了出来，阿洛一只脚踏在蜥蜴的身体上，重重地呼吸着。它抬头望望那些大鸟，早已经不知去向。不过不远处，另一只栾川盗龙也盯上了它的战利品，看来今天傍晚注定不会平静……

在亿万年后的河南省西部的栾川县，人们发现了这种凶猛的恐龙化石：四颗牙齿、一根额骨、一块颈椎、两块背椎、17 块尾椎骨、肋骨、肱骨、指骨及爪、部分肩胛骨及骨盆。古生物学家把这些标本存放在位于郑州的河南地质博物馆中。随后，在 2007 年，中国古生物学家吕君昌等人将这种恐龙命名为栾川盗龙（属名 Luanchuanraptor），学名来自汉语拼音中的

“Luanchuan”（地名，河南省栾川县）及拉丁语中的“Raptor”（意为“盗贼”），意思是“来自栾川的盗贼”。

栾川盗龙生存于距今8000万年前晚白垩世的中国河南，属于驰龙科的基础成员。在亿万年前的河南，当华南虎的祖先都还没有进化出来的时候，它们就已经穿梭于豫川的森林与河流之间，追逐着猎物。

栾川盗龙体长2.6米，高约0.8米，体重约30千克，是一种体型中等的驰龙科恐龙。由于发现的骨骼化石并不完整，特别是其头骨破碎，因此我们对栾川盗龙的认识并不全面。值得一提的是在化石发现地，古生物学家一共发现了9颗牙齿，其中5颗属于栾川盗龙，而其他4颗牙齿较大，属于某种大型的兽脚类恐龙，由此推断，古生物学家发现的栾川盗龙可能是被某种大型肉食性恐龙杀死的。

栾川盗龙是晚白垩世亚洲第一种在远离中国东北部和蒙古戈壁沙漠发现的驰龙科，对研究驰龙科在东亚地区的辐射与进化有着特殊的意义。

知识点：

1. 已经发现的栾川盗龙很可能是被某种大型肉食性恐龙杀死的。

2. 栾川盗龙是晚白垩世亚洲第一种在远离中国东北部和蒙古戈壁沙漠发现的驰龙科。

3. 栾川盗龙体长2.6米，体重30千克，体型中等。

参考资料：

Lü, J.–C.; Xu, L.; Zhang, X.–L.; Ji, Q.; Jia, S.–H.; Hu, W.–Y.; Zhang, J.–M.; and Wu, Y.–H.（2007）. New dromaeosaurid dinosaur from the Late Cretaceous Qiupa Formation of Luanchuan area, western Henan, China. Geological Bulletin of China，26（7）：777–786.

PT-ZCFY-CP-ST-00006

白垩纪晚期河南的一个早晨，巨大的黄河巨龙、身着防弹衣的中原龙以及小巧机警的栾川盗龙不约而同地聚到附近的一个池塘边，饮水沐浴，许多鸟类和巨蜥也被吸引了过来。但这看似安宁的气氛中却隐藏着一丝杀机，巨大的猎手栾川特暴龙正在不远处瞄准了这群毫无防备的动物。

As all love stories would go in the secular biological world, Acura’s rash challenge on his chieftain for the pursuit of one pretty female ended by an exile from the tribe. As a typical male adult dinosaur, his black feather reflects coolness and handsomeness shining under the sun. However, it is unable to survive the Cretaceous jungle with some handsomeness, for only the strongest male *Mahakal* could gain the appreciation from female and respect from his carnivorous tribe. If abandoned, he has to be even stronger, or his coolness and handsomeness could only turn to a handful of cool dessert for other predators.

Though the challenge was brave, the unfortunate defeat was bitter and sour..

为了追求部落里另外一只漂亮的雌性恐龙而选择贸然挑战首领的地位，阿古拉的爱情故事在生物界基本上是俗不可耐。作为一名刚刚成年的驰龙科恐龙，阿古拉一袭黑色的羽毛在阳光下冷峻而帅气。但在白垩纪的丛林中只有帅气是远远不够的，作为掠食性动物，每一只雄性大黑天神龙都要具备超强的战斗力，才可以获得异性的青睐，才能在部落中获得足够的尊重。如果不幸被部落遗弃，那么它就必须拥有更加强大的生存能力。否则，一身漂亮的羽毛和帅气的形象只能成为其他掠食者比较花哨的小点心而已。

阿古拉挑战首领虽然勇气可嘉，但最终还是不幸落败。

Mahakal：A weak individual among a strong group

There is weak individual in the ferocious Dromaeosauridae
Acura is a handsome, but not a powerful dinosaur

大黑天神龙：强势家族中的弱势群体

凶猛的驰龙科也有弱小的成员
阿古拉是一只很帅的雄性恐龙，但他不是真正的强者

PW-JH/YYKP-G-00004

中文名称：大黑天神龙
学　　名：Mahakala
释　　义：大黑天神
体　　型：长 0.7 米，高 0.3 米，重约 3 千克
生存年代：晚白垩世
化石产地：亚洲东部，蒙古国
命名者：Alan H. Turner 等

空旷的蒙古高原被一望无垠的黄沙覆盖着，炙热的太阳赤裸裸地烤着这片土地上的每一粒沙子。空气迅速膨胀着，包裹着越积越多的热量在沙漠的上空缓缓地移动。偶尔能掠过一阵微风，却也是热浪与黄沙的混合体。

“这鬼天气！”披着一身黑色的羽毛、从沙漠的尽头缓慢地移动过来的阿古拉，在心里暗骂了一句。

它并不是沙漠里一名孤独的战士，而只是一只因挑战首领的权威不成，而被赶出族群的失败者。它被认为是大黑天神龙族群中的背叛者，现在，只能成为这漫漫大漠中苦闷的流放者。

谁说挑战首领的权威就一定是背叛者，阿古拉从来都不这么想，它以为首领的位置一定是要给族群中最具战斗力的成员的，而它自己，就是这样的恐龙。

窃蛋龙生活于晚白垩世的蒙古高原，是一种身上披着羽毛，外形类似大鸟的恐龙。窃蛋龙体长 1.8 米至 2.5 米，高约 1.5 米，体重约 40 千克。其实窃蛋龙的名字充满了人们对它的误解，因为古生物学家最早在一个巢穴中发现了窃蛋龙被踩碎的头骨，因此认为它是在偷窃别人的蛋时被杀的。而事实恰恰相反，窃蛋龙是在保护自己的蛋，它们是尽职尽责的好父母。

PT-ZCFY-CP-XX-00002

PT-ZCFY-CP-XX-00003

单爪龙生活于晚白垩世的蒙古地区，它体长 1 米，高 0.5 米，体重约 10 千克，样子就像一只长了尾巴的鹌鹑。单爪龙最大的特点就是其微缩版的前肢，上面只有一个小小的弯爪。古生物学家猜测它们可能很喜欢吃蚂蚁，这样自己的小短手就可以在挖掘蚁穴时发挥作用。

伶盗龙生活在晚白垩世的蒙古高原，体长 1.8 米，高 0.6 米，重 20 千克。它们虽然只有火鸡大小，但是却是凶猛的猎手。通过电影《侏罗纪公园》系列的塑造和宣传，伶盗龙已经成为恐龙世界中一颗闪耀的明星，它的另一个名字为人们所熟知，那就是迅猛龙。

PT-ZCFY-CP-XX-00004

原角龙是晚白垩世蒙古地区最常见的植食性恐龙，显然它没有亲戚三角龙高大威猛，却有着顽强的生命力。原角龙体长 2 米至 3 米，臀高 0.7 米，体重 150 至 300 千克，它们成群结队的生活在一起，被戏称为“白垩纪蒙古的羊群”。

PT-ZCFY-CP-XX-00005

名词解释

为了在国际上统一地层分类，1878年巴黎第一届国际地质大会指定一个委员会来研究“地质报告中术语和图例符号的统一”问题。1881年波伦亚（意大利）第二届国际地质大会根据该委员会的工作，通过了第一个国际性地层分类方案，把地层单位分为5级，由大到小的顺序是：群、系、统、阶和层，但相应的时间单位只有代、纪、世和期4级。

阿古拉有些不知所措地小步向前跑着，细长的脚趾蕴含着极大的力量，它可以明显地感觉到地表的热量。它身体上黑色的羽毛贪婪地吸收着太阳光，泛起耀眼的光泽。说实话，它看起来确实有着首领的风范。

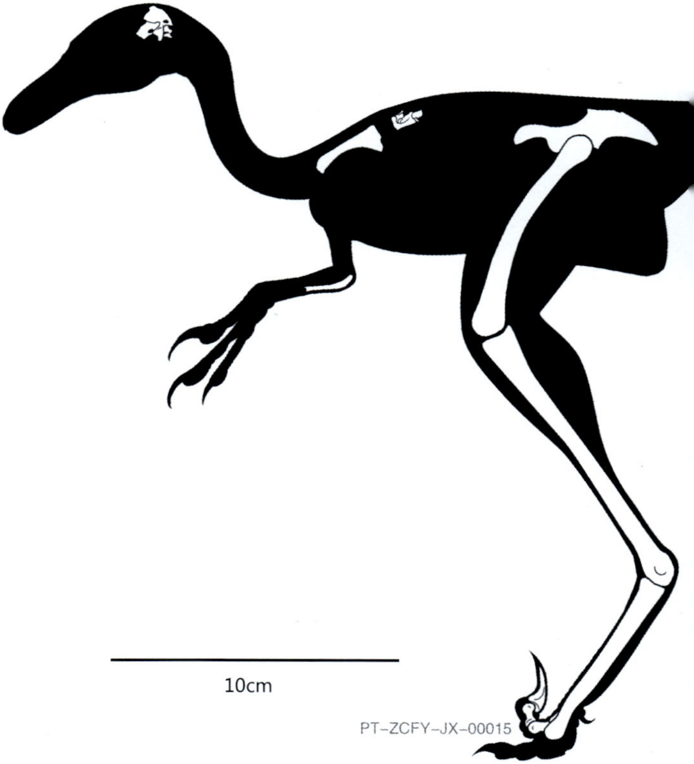

离开族群，在这个荒凉的沙漠中，阿古拉并不能算是强者，伶盗龙、窃蛋龙、单爪龙、原角龙等都是它的敌人，它不得不高度警惕起来。不过，阿古拉并不害怕，因为相对这些恐龙，它对自己的智慧和机警更有信心。

阿古拉在寂寥的沙漠中徘徊着，不知道应该往哪里去。突然，它感觉到危险正在一步一步地逼近自己，它并没有看到敌人，凭的只是直觉。这样的直觉，让它在自己的族群里打了不少胜仗。

阿古拉加快了前进的速度,它漂亮的两只羽翼在荒漠中自由地伸展开来，它看到了不远处的沙丘中一块高高的石柱，那里应该是一个不错的观察点。

奔跑对于大黑天神龙家族来说并不是一件难事儿，即使是沙漠中这样高温闷热的天气，也同样阻挡不了它们的速度。

没跑几步，阿古拉就已经接近了那个石柱，它只是轻轻一跃，便站立到了石柱的顶部。这确实是一个极好的观察点，阿古拉发现自己已不再被淹没于黄沙之中，而看到了整片沙漠。

阿古拉抬起头向远处望去，一只伶盗龙正在向它的方向逼近。虽然它身上淡淡的棕黄色加上白色条纹的皮毛，在这沙漠中是最好的伪装，但是它依然没能逃过阿古拉的眼睛。

阿古拉盯着这只伶盗龙，心里已经做好了准备……

几年前，人们在蒙古人民共和国南戈壁省的德加多克塔组地层中发现了大量恐龙化石，包括部分头骨、脊椎骨、胸骨、盆骨和四肢骨骼。2007 年，爱伦・特纳（Alan H. Turner）等人在研究了化石标本后将其命名为大黑天

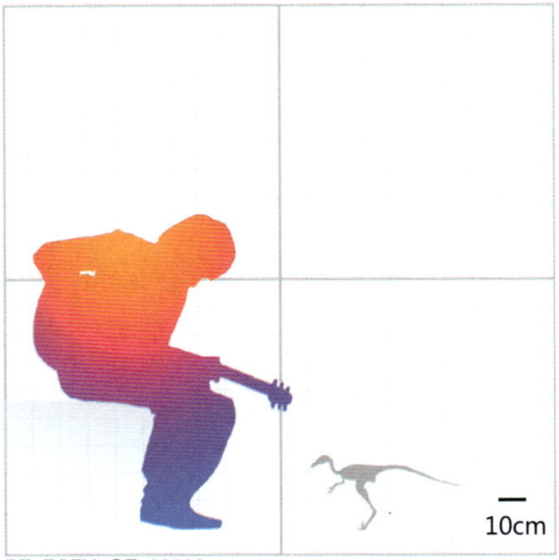

PT-ZCFY-QT-00008

神龙，这个命名是根据当地的神来命名的。研究人员根据骨骼化石中表现出来的特征认为，大黑天神龙是目前发现的形态最原始的驰龙科恐龙之一。

大黑天神龙的生存环境并不十分优越。德加多克塔组地在遥远的中生代末期是一片地表布满沙丘的冲积层，属于半干旱气候。每年都有固定的雨季，随着雨季的到来，间歇河流便出现在沙漠之中，吸引着大批动物的到来。研究人员在该地层中发现了很多动物的化石，包括：陆生乌龟、鳄鱼、蜥蜴、哺乳类及伶盗龙、窃蛋龙、单爪龙、原角龙、蜥鸟龙、葬火龙、可汗龙、鸟面龙、绘龙等多种恐龙。在当时的生存环境和食物链中，大黑天神龙只能属于小型的掠食者，就算是同一家族的伶盗龙也会以大黑天神龙为食，所以，在那个弱肉强食的世界中，它必须要时时刻刻保持高度的警惕，因为在它周围，猎人永远要比猎物多得多。这样看来，它的生态位与其学名真的是有些差距的。

大黑天神龙（属名 Mahakala），学名来自蒙语中的“Mahakala”，是由佛教中的大黑天神而来。大黑天神龙的模式种被命名为南戈壁大黑天神龙（Mahakala omnogovae），种名取自其化石发现地蒙古国的南戈壁省（Omnogovi Province）。大黑天神龙生存于距今 8000 万年前晚白垩世的东亚蒙古地区，是一种小型的驰龙科恐龙。

大黑天神龙体长 0.7 米，高 0.3 米，体重约 3 千克，是一种体型很小的肉食性恐龙。它有着常见的驰龙科外形，但是却表现出许多伤齿龙科和鸟翼类，甚至是原始驰龙科的特征。

名词解释

大黑天神（Mahakala），音译摩诃迦罗、莫诃哥罗、嘛哈噶拉，又名大天神、大黑天神、摩诃迦罗天。他本是印度教湿婆神 (siva) 的化身，后来被佛教密宗所吸收，就成为佛教密宗护法神“四药叉”之一，是专治疾病之神，因此受到佛教众生的崇拜。洱海地区居民往往奉大黑天神为本主，滇池周围 132 座本主庙中，供奉大黑天神者竟高达 130 座之多。不知道洱海地区的居民们有没有想过，会有一种恐龙以他们敬仰的真神大黑天神为名。

知识点：

1. 大黑天神龙体型很小，只有 3 千克，小于当时生存在蒙古的其他驰龙科恐龙。

2. 大黑天神龙是目前发现的形态最原始的驰龙科恐龙之一。

3. 大黑天神龙的名字是根据当地的神来命名的。

参考资料：

1.Turner, Alan H.; Pol, Diego; Clarke, Julia A.; Erickson, Gregory M.; and Norell, Mark（2007）. A basal dromaeosaurid and size evolution preceding avian flight（pdf）. Science, 317: 1378–1381. doi: 10.1126/science.1144066.

2.Jerzykiewicz, Tom（1997）. “Djadokhta Formation”, Encyclopedia of Dinosaurs. San Diego: Academic Press, 188–191. ISBN 0–12–226810–5.

Provence is such a romantic place that some unimaginable encounter could happen even after a forest fire.

After the disaster, paleontologists encountered a victim who belongs to other era at the site: The fossil of dinosaur Pod was brought to the presence of scientists. For that reason, he was called *Pyrorapter*.

Thanks to the luck "Pyro" brought. Though only a few fossils was discovered, U.S Discovery Channel still designed a TV episode called *Dinosaur planet: Pod's travels* to introduce his story all over the world. Now, Pod is really "on fire".

普罗旺斯的浪漫气息果然名不虚传。就连一场森林大火之后，也能产生一些意想不到的邂逅。

灾难过后，古生物学家在火灾现场偶然发现了一个不属于这个时代的受害者：恐龙彼得的化石赫然出现在科学家的面前。为此，彼得有了一个带“火”字的署名：火盗龙。也许研究人员到此依然没有尽兴，就连彼得的种名也和“火”字渊源很深：奥林匹克山。这个人类盗取众神火种的地方，依然再次成为彼得更加具体的标签。

感谢“火”字带来的好运气。火盗龙彼得虽然只有极少数几块化石被人类发现，但美国探索频道依然用《火盗龙彼得的旅程》作为一集电视节目的名称，向全世界介绍了它的故事。为此，彼得真的“火”了。

Pyrorapter: Provence is a miraculous place

The romantic paleontological discovery in France

火盗龙：普罗旺斯是一个神奇的地方

浪漫的法国人连考古都充满了邂逅的味道

PW-JH/YYKP-G-00005

中文名称：火盗龙
学　　名：Pyroraptor
释　　义：火中的盗贼
体　　型：长 1.6 米，高 0.6 米，重约 20 千克
生存年代：晚白垩世
化石产地：欧洲西部，法国
命名者：Ronan Allain，Philippe Taquet

在晚白垩世欧洲南部的一座岛屿上，彼得和它的两个姐妹惬意地生活着。彼得的家族属于火盗龙，在这个硕大的岛屿上，它们是最聪明的猎人。它们捕食许多大型的植食性恐龙，虽然也会不时地遭到其他更大体型的肉食性恐龙的袭击，但是它们凭借着自己的聪明，总是能躲过这样的灾难。

日子一天一天地过着，彼得和自己的姐妹以为它们能这样，一直生活到老。可是它们不知道，一场巨大的灾难即将来临。

连续很长时间，岛上都频繁地发生着小规模的地震和火山爆发，彼得虽然对这些时常打扰它正常生活的地质灾害感到不满，但是并没有想到这只是更大的灾难爆发的前兆。

PT-ZCFY-CP-ST-00008

终于，灾难还是不约而至了。在离小岛不远的海底，发生了剧烈的地壳运动。巨大的能量在海中转化成了高达数十米的巨浪，一转眼就将岛屿吞没，岛上大部分的生灵在瞬间失去了生命。

但是彼得却奇迹般地活了下来。它似乎并不知道发生了什么事情，当它艰难地睁开眼睛的时候，自己正漂浮在一望无际的海洋上，自己的身体下面是一块巨大的树干。它努力地回忆着在自己晕厥前发生的事情，可是它只记得巨大的海浪和同伴们的惨叫声。不过，即使是这样，它还是意识到自己生存的家园已经一去不复返。它不知道自己将要顺着水流漂到何方，但是现在，它除了躺着再也没有什么别的办法了。

两天过去了，虽然彼得一直在鼓励自己，但是在烈日的暴晒下，它已经开始脱水，再加上强烈的饥饿感，彼得感觉自己的呼吸越来越微弱，它不知道自己还能坚持多久，或许再过不多时候，自己就要和姐妹团聚了。彼得闭上了眼睛，做好了最坏的打算。

上天终究还是眷顾着这只死里逃生的火盗龙，在它的生命走向终结之前，向北的风把彼得带到了一个小岛上。

小岛很小，可能都没有彼得原来家园的 1/3 大。彼得颤颤巍巍地走上了它陌生的新家。这里的环境和原先它所居住的岛屿并没有太大的区别，只不过所有的动物似乎都比原来缩小了一倍。它先是见到了自己的同伴火盗龙，它们的外貌和它并没有差别，只是体型非常小。紧接着是微缩版的禽龙类凹齿龙和泰坦龙类马扎尔龙。彼得看着眼前这些体形怪异的动物们惊讶不已，而岛上的居民看见彼得这个大型的怪物后也纷纷逃窜。

PT-ZCFY-CP-XX-00006

凹齿龙

凹齿龙属于著名的禽龙类，是该家族最后的成员。凹齿龙体长 4.5 米，高约 2 米，体重约 300 千克，是一种四足行走的植食性恐龙。根据目前已知的化石发现情况，凹齿龙生存范围较为广阔，其中包括西班牙、法国、以及罗马尼亚的哈提格岛（Haţeg Island）等地，它们可能是火盗龙最主要的食物。

PT-ZCFY-CP-XX-00007

马扎尔龙

马扎尔龙属于泰坦龙类，是这个巨人家族中体型最小的成员之一，成年的马扎尔龙体长仅有 6 米。古生物学家认为马扎尔龙的侏儒体型与其生活的岛屿环境有关，由于岛屿面积和食物的有限，恐龙的体型也随之变小。马扎尔龙与塔哈斯克龙、凹齿龙等恐龙共同生活在晚白垩世的哈提格岛上，是欧洲最后一批恐龙。

PT-ZCFY-CP-XX-00008

不过，这样的状况倒是给彼得带来了不少好处。彼得来到岛上的孤独感迅速地被一种新奇和骄傲的感觉所代替，在原先生活的岛屿上它当然不是最强的猎人，可来到这里，光是凭自己的体型，它就相信没有人敢欺负自己。它决定试一试。

在一条小溪旁，彼得找到了机会。几只陆行鳄正在围着一具动物尸体午餐。若要是在原先的岛屿上，彼得见了陆行鳄一定是掉头就要逃的，因为它们相对于彼得来说太大太凶猛了，它们凭借着身上的硬甲和尖牙欺负火盗龙，抢夺别人的战利品。但是这里的陆行鳄却小得可怜。彼得甚至都没有动手，它只是走到它们身边大叫了几声，这几只陆行鳄就吓得灰溜溜地逃走了。彼得心满意足地进行了入岛之后的第一顿大餐。

酒足饭饱的彼得惬意地躺在一旁休息，这时，一群毛茸茸的小恐龙出现在彼得没有吃尽的尸体旁边。这些小恐龙属于伤齿龙科，身体纤细灵活，体长只有彼得的四分之一。它们看到彼得都不敢靠近，只是站在一旁探头探脑地乞求彼得可以施舍些食物。彼得并不介意和别人分享食物，于是默许了伤

PT-ZCFY-QT-00009

齿龙的行为。填饱肚子的伤齿龙似乎是尝到了甜头，一直跟在“巨大”的彼得身后，想要得到它的庇护。而对于彼得来说，在这个奇怪的小岛上它需要群体的温暖，于是大个子的彼得与小个子的伤齿龙们建立了一种奇妙的联系，组成了一个特殊的群体。

在岛上经过一段时间的考察，彼得发现，之所以这个岛上的居民都是微缩版，是因为这里的岛屿实在太小了，食物也不充足，长期居住在这里的居民恐怕都是为了适应环境才渐渐地演化成现在这样的体型的。

熟悉了岛上的新环境，有了伤齿龙作为新的伙伴，彼得在岛上开始了全新而快乐的生活。它带领着小小的伤齿龙捕食猎物，打败塔哈斯克龙——岛上的霸主，成为岛屿上新一代的霸主，建立了新的法则……

起初，火盗龙并不为人所知。直到 2003 年，美国探索频道推出了古生物探索片《恐龙星球》（Dinosaur Planet），其中的一集详细地报道了《火盗龙彼得的旅程》（Pod's Travels），人们才开始知道生活在晚白垩世的火盗龙。

火盗龙的化石发现于 1992 年，法国南部的普罗旺斯，其正模标本包括牙齿、趾爪、手臂及部分脊椎骨化石。2000 年，古生物学家罗南·阿兰（Ronan Allain）与菲利普·塔丘特（Philippe Taquet）对火盗龙进行了描述、命名。

名词解释

正模标本，某物种最早被命名和描述的那个标本称为“正模标本”，正模标本只能有一个，价值无可替代。正模标本也叫模式标本，是指真正成为模式的一份标本，即指由发表者鉴定，并已发表的那份标本。副模式标本是指与正模式标本同时被引用的标本，也就是指正模式标本重复份以外的那些标本。譬如鸳鸯的雌雄外形不一样，而模式标本只能有一件，如果模式标本是雄鸟，那么也可以采集雌鸟作为副模式标本，有时也称“配模标本”。

火盗龙（属名 Pyroraptor），学名来自拉丁语中的“Pyro”（意为“火、热”）及“Raptor”（意为“盗贼”），意思是“火中的盗贼”，如此的命名是因为火盗龙的化石是在森林火灾之后被发现的。火盗龙的模式种被命名为奥林匹斯火盗龙（Pyroraptor. olympius），种名是以奥林匹克山为名。火盗龙生存于距今 7000 万年前晚白垩世的法国南部，属于驰龙科恐龙。

火盗龙体长 1.6 米，高 0.6 米，体重 20 千克，属于驰龙科，体型与近亲伶盗龙差不多。研究人员发现火盗龙的骨骼结构与早白垩世中国发现的几种驰龙科非常接近，也就是说如果火盗龙长有羽毛，它们从外形上看更像是一只鸟。火盗龙的身体上，脚部镰刀状的第二趾最为特别，长达 6.5 厘米，是其最重要的捕猎工具。火盗龙是欧洲发现的第一种晚白垩世驰龙科恐龙，却也是曾经生活在欧洲的最后一批恐龙。

知识点：

1. 火盗龙长有羽毛，外形像一只鸟。
2. 火盗龙是曾经生活在欧洲的最后一批恐龙，而且生活在小岛上。
3. 火盗龙的化石是在森林火灾之后被发现的。

参考资料：

Allain, R., and P. Taquet.（2000）, A new genus of Dromaeosauridae (Dinosauria, Theropoda) from the Upper Cretaceous of France, Journal of Vertebrate Paleontology 20: 404–407.

If there were a vote for the "Fortuna of late Cretaceous", ***Variraptor*** **would certainly be nominated. Smart brain, strong forearm and sharp claw,** ***Variraptor*** **has all the advantages that could bestow to a** ***Dromaeosauridae*****. What others envy more about is his extreme talented night eye-sight. The limited fossils are enough to prove his bright eyes and her night vision ability, which makes him the luckiest dinosaurs in his era.**

如果评选白垩纪晚期的幸运之神，瓦尔盗龙一定会率先入围。聪明的脑袋、强壮的前肢以及杀伤力极强的镰刀爪，瓦尔盗龙拥有驰龙科恐龙所有的生存优点。但最不可忽视的，是瓦尔盗龙拥有超凡的夜视能力。在有限的化石上，有足够的证据证明瓦尔盗龙拥有一双明亮的大眼睛。这一发现，无疑让瓦尔盗龙成为了晚白垩世最幸福的恐龙种类之一。

Variraptor: A late Cretaceous lucky hunter

Natural evolution may sometimes favor some fortunate creatures

瓦尔盗龙：晚白垩世幸福的驰龙科杀手

自然间界的进化总是眷顾那么几种幸运的生物

PW-JH/YYKP-G-00006

中文名称：瓦尔盗龙
学　　名：Variraptor
释　　义：来自瓦尔河的盗贼
体　　型：长 1.5 米至 1.8 米，高 0.5 米，重约 20 千克
生存年代：晚白垩世
化石产地：欧洲西部，法国
命名者：Le Loeuff，Eric Buffetaut

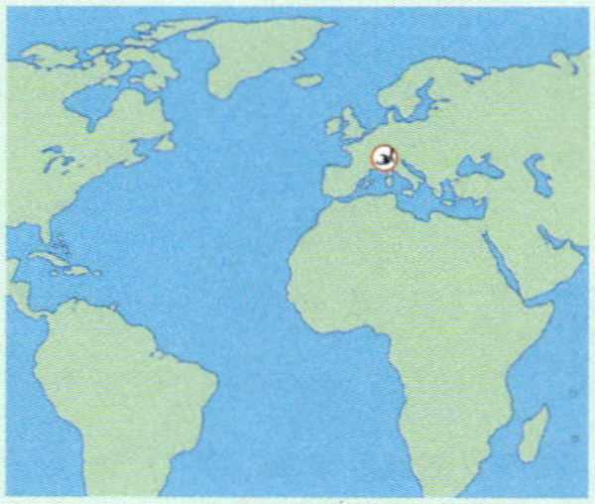

古老的比利牛斯山脚下，浓雾刚刚散去，湿润的空气中飘散着木兰花的香味。晚白垩世的欧洲因为海侵而变得支离破碎，众多岛屿分布在大海之中。而这片地区，却幸运地与欧洲大陆连接在一起，避免了被“流放”的命运。

白天的喧闹结束，夜幕降临，大地在黑夜中慢慢睡去。树林里，偶尔有恐龙和鸟类的叫声，几片枯叶下传来“沙沙”的挖掘声，一个毛茸茸的小脑袋不知道什么时候从地下钻了出来，它用灵巧的小爪子拨开周围的树叶掩盖着的一个小小的洞口。

小家伙探头探脑地打量着四周，在确定安全后朝洞里“吱吱”地叫了几声，

五只长得一模一样的小动物一个接一个地从洞里钻了出来。

在小型掠食恐龙的压力下，大部分哺乳动物白天只能龟缩于地下或是树上，只有当夜晚到来时，森林才能成为它们的乐园。

虽然黑暗给了哺乳动物很多庇护，但是并不代表绝对的安全。高大的杉木下，瓦尔盗龙苏菲低头在洞口嗅了嗅，所有的信息马上通过鼻腔传入大脑——一群哺乳动物刚刚离开不久。

凭借敏锐的嗅觉，苏菲沿着森林中的步道很快就追踪到了池塘边，它悄悄地游走于茂密的灌木丛中，两只绿莹莹的大眼睛盯着前面，良好的夜视能力可以让它清楚地看到周围的一切。

在夜间捕捉哺乳动物时，苏菲总会很耐心，准备时间有时会长达一个多小时。因为弱小的哺乳动物总是非常地警觉，如果攻击一旦被察觉，那么它们一晚上都不会再出来了。所以苏菲如果不能一击成功就意味着整个晚上都将一无所获。

毛茸茸的小动物们在池塘边寻找着小昆虫和植物根茎，白天的阵雨让池塘周围充满了食物。

PT-ZCFY-CP-XX-00009

PT-ZCFY-CP-ST-00009

苏菲潜行到离猎物最近的一棵苏铁下，然后伏下身子静静地等待着时机的成熟。它不但要观察面前的猎物，而且要观察四周的环境，准确地计算攻击距离并选择最佳的攻击路线。

这时，一只哺乳动物蹦蹦跳跳地来到苏铁下，它与苏菲之间的距离只有短短的 5 米。一定是空气中弥漫着的异样味道吸引了这只哺乳动物，它突然抬起头盯着前面的苏铁林，似乎感觉到有什么东西在那片阴影中。猎物和猎人就这样四目相对，只不过前者并不确定后者的存在。恰在此时，一声悠扬的鸟鸣从背后传来，虽然知道那是什么，但是这只小哺乳动物还是本能地回过头去。这真是千载难逢的好机会，苏菲没有犹豫，瞬间用力收紧腿部肌肉，噌的一下从黑暗中蹿了出来。那只小哺乳动物随着前面的响声跳了起来，但一切都太晚了。苏菲锋利的前爪重重地将它从空中打了下来，就在猎物落地的一瞬间，苏菲的尖牙已经狠狠地咬住了它的喉咙。毛茸茸的小动物只是挣扎了几下，一切就结束了。

PT-ZCFY-CT-00004

池塘周围顿时变得一片混乱，动物们都四散而逃，顿时消失在了黑暗之中。

清晨的阳光越过高山再次洒向森林，枝叶间一张渗着血液的毛皮引来了嗡嗡作响的苍蝇，苏菲躺在一旁呼呼大睡。就在不足一公里的地下，几只小哺乳动物缩在洞中，围在一起商量着什么。它们因为失去同伴而悲伤，对昨晚的猎杀心有余悸。不过很快它们就会从昨夜的打击中恢复过来，当夜晚再次来临时，哺乳动物们仍然会钻出地洞，四处寻找食物。它们总是相信，过不了多久恐龙将被它们取代，一个全新的世界正在等待着它们……

1998 年，两名业余古生物学家帕特里克（Patrick）

和安妮（Annie Mechin）在法国南部距离马赛不远的瓦尔河附近发现了瓦尔盗龙的化石，其产出地层位为 Grès à Reptiles（砂岩爬行动物）组，正模标本包括头骨碎片、右肱骨、一根后段背椎、一根荐骨及 5 块愈合的脊椎骨。发现的化石标本由古生物学家 Le Loeuff 和埃瑞克·比弗托（Eric Buffetaut）共同研究并命名，同年研究论文发表在《欧洲古脊椎动物学》（*European Journal of Vertebrate Palaeontology*）杂志上。

瓦尔盗龙（属名 Variraptor），学名来自“Vari”（地名，法国南部瓦尔省的瓦尔河）及拉丁语中的“Raptor”（意为“盗贼”），意思是“来自瓦尔河的盗贼”。瓦尔盗龙的模式种被命名为麦氏瓦尔盗龙（Variraptor. mechinorum），种名献给了其化石的发现者安妮·麦琪（Annie Mechin）。瓦尔盗龙生存于距今 7000 万年前至 6500 万年前晚白垩世的法国南部，属于驰龙科。

瓦尔盗龙体长 1.5 米至 1.8 米，高 0.5 米，体重约 20 千克，属于著名的驰龙家族。瓦尔盗龙身体强壮，行动敏捷，其大大的嘴巴里长有锋利的、边缘带有锯齿的牙齿，可以轻易地撕碎猎物的皮肉。瓦尔盗龙长有一双大眼睛，重叠的视角形成立体视觉，可以准确地判断猎物的位置。它的右肱骨（编号 MDE-D158）化石上可以看到一个较衍化的三角嵴，从这里可以判断出它前肢的运动和抓握能力，也就是说瓦尔盗龙的前肢力量要强于它的亲戚们。除了强壮的前肢，瓦尔盗龙后肢上锋利的镰刀爪也是其致命的武器之一，它们在捕猎的时候往往会高高地跳到空中，然后抬起脚上的大爪子，借着下落的力量将其深深

PT-ZCFY-QT-00010

当双眼同时注视某物体，双眼视线交叉于一点，叫注视点，从注视点反射回到视网膜上的光点是对应的，这两点将信号转入大脑视中枢合成一个物体完整的像。不但看清了这一点，而且这一点与周围物体间的距离、深度、凸凹等等都能辨别出来，由此成的像就是立体的像，这种视觉也叫立体视觉。

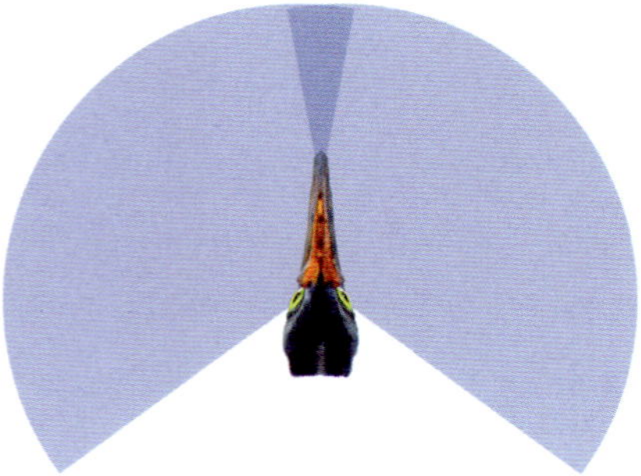

瓦尔盗龙的立体视觉

PT-ZCFY-QT-00011

地刺入猎物的身体里。

瓦尔盗龙不仅继承了家族完美的猎杀结构，还继承了家族的智慧，它与其他驰龙科一样，是聪明的猎手，总是成群结队地跟踪并在最佳时机对猎物发起攻击。不过在研究论文中，古生物学家却猜测瓦尔盗龙或许是以动物尸体为食，是白垩纪的清道夫。

知识点：

1. 瓦尔盗龙是聪明的猎手，总是成群结队的跟踪并在最佳时机对猎物发起攻击。

2. 瓦尔盗龙长有一双大眼睛，重叠的视角形成立体视觉，可以准确猎物的位置。

3. 瓦尔盗龙的右肱骨上具有较衍化的三角嵴，前肢具有很强的抓握能力。

参考资料：

Le Loeuff，Jean，Buffetaut，Eric (1999) .A new dromaeosaurid theropod from the Upper Cretaceous of Southern France. Oryctos 1，105–112.

名词解释

食腐动物：saprophage，有些动物以落入土壤或水域的枯枝落叶、动物遗体或粪便为食，这种动物统称为食腐动物，在生态地位上扮演清除者（也称为分解者）的角色。在自然界中，动物尸体永远是食肉动物最容易到手的食物，比如鬣狗、豺、秃鹫都是以这种不劳而获的方式来填饱肚子的。从食肉动物诞生开始，食腐动物也随之诞生了。许多化石证据表明，在恐龙时代，食腐现象也大大存在，比如翼手龙也许就像秃鹫一样总是成群结队地在平原上寻找恐龙的尸体。甚至强大的暴龙偶尔也会偷懒，做一回草原上的清道夫。

PT-ZCFY-CP-XX-00010

顶级掠食者暴龙偶尔也会食腐

这一幕发生在侏罗纪中期的英格兰。一天前，一只暴龙的祖先——三米长的原角鼻龙到山谷中的一处水洼饮水，不料遭到大型掠食者的突然袭击，沦为盘中餐。掠食者离开后，早已垂涎三尺的翼手龙蜂拥而至，疯抢着原角鼻龙剩下的尸骸。

PT-ZCFY-CP-ST-00010

PT-ZCFY-CT-00005

驰龙亚科
Dromaeosaurinae

PT-ZCFY-CP-ST-00011

If Bill were unfortunate enough to be a MBA student in some notable business school, he must be surprised to see that in the age of human, team cooperation is no longer an instinctive synergy displayed by the fighting for survival from small predators, but a effect-driven methodology we manipulated for a faster global ecological system change. Maybe it is well because of this method, we are growing into the most dominate group on this blue planet in just a couple of thousand years， at least it seems to be.

However, 60 million years ago, Bill and his family have grasped this method and successful dominated the planet. They are the most typical group in *Dromaeosauridae*, called *Dromaeosaurus*. Living in groups, and attacking by teamwork, *Dromaeosaurus* deserves his fame in the taxonomy tree.

如果驰龙比尔不幸成为了某个著名商学院的 MBA 学员，它一定会看到团队协能力在人类时代，早已经不是小型掠食动物为了生存而呈现出来最本能的协同，而是演变成了人类为了更加快速改变地球生态体系的一种提高效率的方法。也许是因为更加熟练地掌握了这种行之有效的方法，本来处在食物链中低端的人类通过短短几万年的时间，俨然成为这个蓝色星球上最具话语权的生物群。

但在 6000 万年前的地球上，也有着一种聪明的小型掠食者深谙此道。并且取得了不凡的成绩。它们就是驰龙科恐龙最具代表的一个亚科：驰龙。可以说成群结队地生活在一起，通过团队协作攻击体积大于自己数倍的其他恐龙，驰龙科恐龙以驰龙作为代表，在一定意义上有着天然的寓意。

Dromaeosaurus：A tribe knew the spirit of teamwork 60 million years ago

Bill' s family must be noble enough to share their name to the whole Dromaeosauridae family

驰龙：6000 万年已经开始团队协作捕猎的恐龙部队

自己的名称被命名为一个科的标准名称，比尔的家族无疑是恐龙王国里的一个贵族

PW-JH/YYKP-G-00007

中文名称：驰龙
学　　名：Dromaeosaurus
释　　义：敏捷奔跑的蜥蜴
体　　型：长 1.8 米，高 0.6 米，重约 20 千克
生存年代：晚白垩世
化石产地：北美洲，加拿大，美国
命名者：Barnum Brown，Matthews

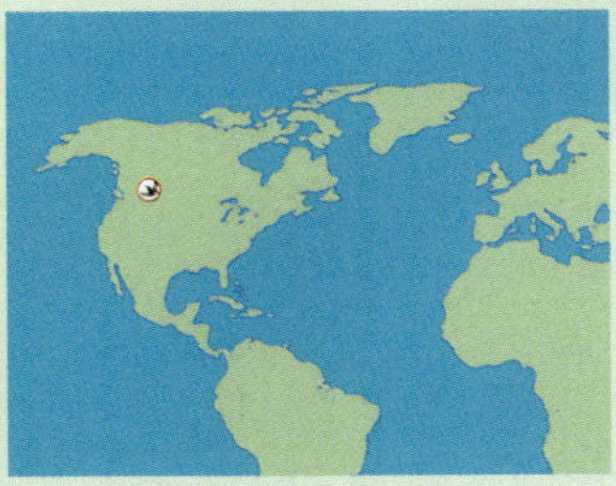

随着一阵嘶鸣声，一只巨大的三角龙轰然倒地，鲜红的血液从它腹部的伤口中喷溅而出，染红了地面。原本阵势庞大的三角龙群面对如此狂暴的攻击不知所措，它们顾不得受伤的同伴，穿过小溪向远方四散而去。大地发出了震耳欲聋的声音，因为整个龙群的总重量达到了数百吨。

制造混乱的元凶是一只成年暴龙，它并没有理会逃跑的三角龙群，只是自顾自地低下脑袋盯着这只垂死的三角龙。暴龙收紧颈部的肌肉，张开大嘴，只是稍稍用力的向后一拽，三角龙肚子里的脏器就随着血液向外流了出来。

驰龙比尔一直在不远处观看着眼前这片平原上发生的一切，刚刚暴龙咆哮着冲入三角龙群中，轻松地将猎物杀死的场景让它不寒而栗。毕竟，三角龙在它看来就已经足够庞大了。但是比尔并没有走开，因为血腥的战争已经

结束了，饥饿的它正在试图从暴龙那里分一杯羹，虽然这对它来说并不是件容易的事情。

比尔来到小溪旁，隔着流水望向正在进食的暴龙。它想巧取，因为它知道如果硬碰硬的话，自己极有可能也会变成暴龙的食物。

暴龙再次从三角龙的尸体上咬下一块重达 50 公斤的肉，然后抬起宽阔的身子，一只大脚踩在猎物上，心满意足地享用着。比尔看着那块正在被吞咽的大肉块馋得口水直流，要知道暴龙这一口吞下的重量就相当于自己体重

的三倍！

每次看到大型肉食性恐龙狼吞虎咽，比尔都会羡慕不已，如果它也能有那样的大块头，就不用整天靠捕食蜥蜴、青蛙这样的小东西勉强度日了。不过有的时候这些大家伙在酒足饭饱后也会留下不少剩饭剩菜，比尔所在的族

群经常会赶走其他食腐动物，享用这可遇而不可求的大餐。

想象着嘴中含着如此鲜美的食物的感觉，比尔大着胆子跨过小溪，慢慢向暴龙靠了过去。比尔看着近在咫尺的肉山两眼发直，甚至已经忘记了暴龙的存在。

忙于进食的暴龙抬眼看到了眼前的小家伙，它很是生气，因为比尔已经跨过了界线，进入了自己的进食领地。暴龙横着脑袋，张开满是尖牙的巨嘴，那极具震撼力的吼声从喉咙中喷涌而出。

暴龙的巨大吼声就像电流一样穿透了比尔的身体，它被吓得跳了起来，

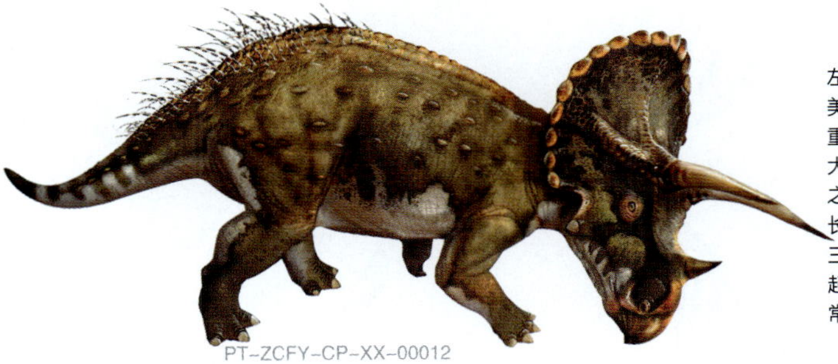

PT-ZCFY-CP-XX-00012

左图：三角龙生活在晚白垩世的北美洲，它体长 9 米，高 3 米，体重约 6 吨，是目前角龙科中体型最大的成员。三角龙是最著名的恐龙之一，它那结实的骨质项盾，三根长而尖的角成为其最显著的标志。三角龙曾经与凶猛的暴龙生活在一起，它们是那个时代的死对头，常常在开阔的平原上展开生死之战。

右图：暴龙绝对是恐龙家族中最著名的成员，它是晚白垩世北美洲的代表物种，有时甚至成为美国国家的代表。暴龙体长 13 米，高约 5 米，体重约 6 吨，是一台动力强劲的猎食机器。虽然新发现的棘龙和南方巨兽龙等在体型上超过了暴龙，但依旧不损暴龙头顶上的光环，它仍然是许多人心中恐龙的代名词。

PT-ZCFY-CP-XX-00013

转身就逃。不过，比尔不会走远，它躲在不远处的树丛后忍耐着，它知道，不多久，吃饱的暴龙一定会到别的地方去散散步……

1914 年，著名古生物学家巴纳姆·布朗（Barnum Brown）率领的美国自然史博物馆考察队在加拿大阿尔伯塔省的红鹿河（the Red Deer River）进行挖掘，在红鹿河南岸，考察队员发现了一些化石，其中包含一个长 24 厘

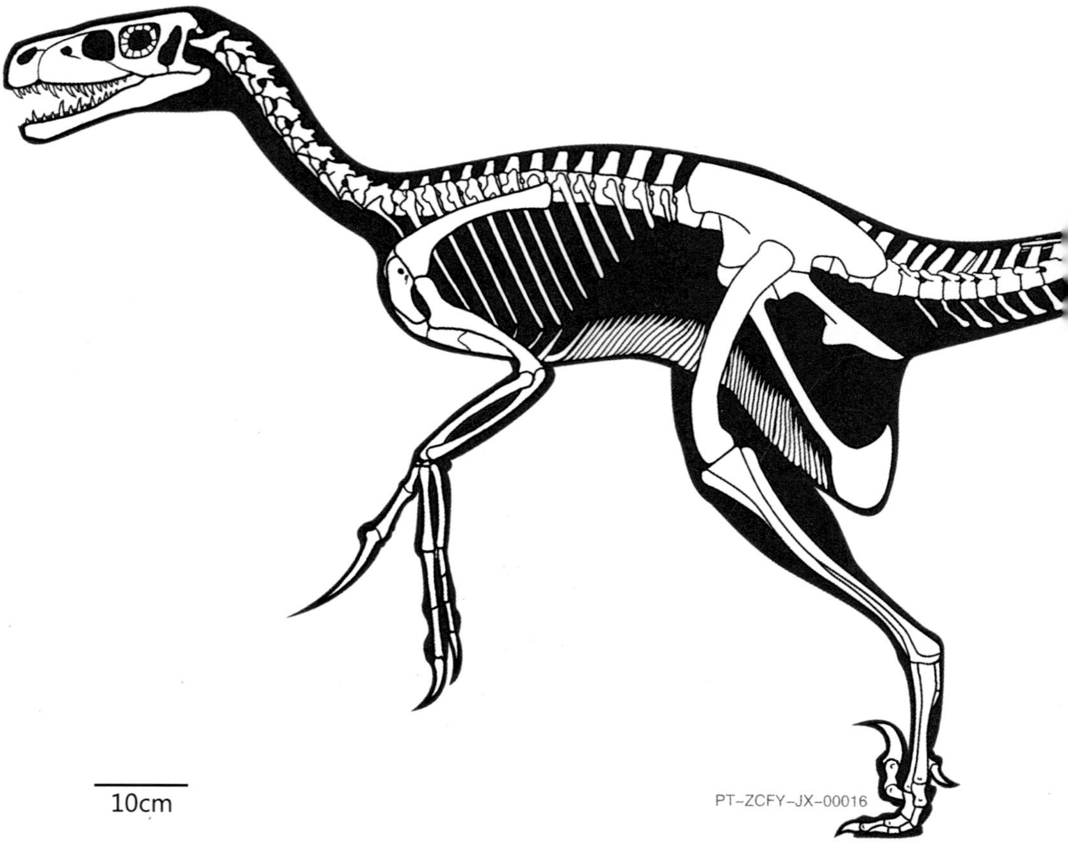

米并不完整的头骨及一些脚掌碎片。发现化石的地点现在属于著名的恐龙公园组（Dinosaur Provincial Park）地层。

1922 年，经过研究，布朗与马思维（Matthews）将这种新发现的恐龙命名为驰龙。此后，在加拿大阿尔伯塔省与美国的蒙大拿州发现的其他骨骼及 30 个独立牙齿也被认为是属于驰龙的。

驰龙（属名 Dromaeosaurus）又名奔龙、飞驰龙，学名来自古希腊文中的“δρομευς”（意为“奔驰”）及“σαυρος”（意为“蜥蜴”），意思是“敏捷奔跑的蜥蜴”。驰龙的模式种被命名为阿尔伯塔驰龙（Dromaeosaurus albertensis），种名代表其化石发现地，加拿大的阿尔伯塔省。除了模式种之外，驰龙属内还有多个已命名的种，包括：顶饰驰龙（D.

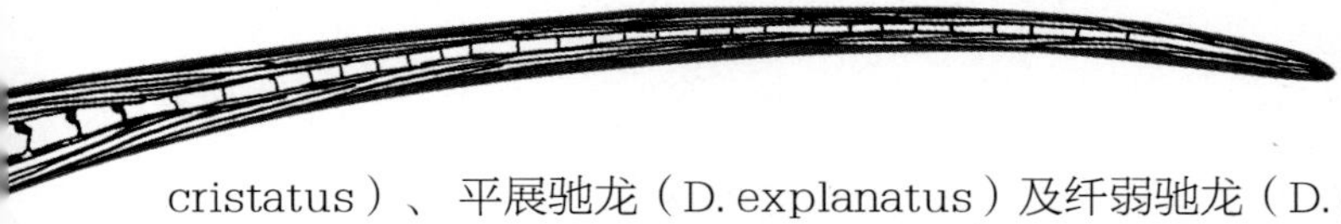

cristatus）、平展驰龙（D. explanatus）及纤弱驰龙（D. gracilis）。

驰龙是最早被发现的拥有较完整头骨的小型兽脚类恐龙，它们生存于距今 7600 万年前至 7200 万年前晚白垩世的北美洲西部，化石集中发现于加拿大的阿尔伯塔省和美国的西部地区。

驰龙体长 1.8 米，高 0.6 米，体重约 20 公斤，大小和狼差不多。驰龙在家族中算是中等体型，它的头骨与大部分驰龙科恐龙相比短而且大，下颌较深，有一双视力极佳的大眼睛。驰龙嘴中长有锋利的剃刀般的牙齿，研究人员在对比了驰龙化石与其近亲蜥鸟盗龙化石后发现：驰龙的牙齿有很明显的磨损，这证明它的颌部是用来压碎和撕开猎物，并不是单纯地撕开尸体。2005 年，古生物学家又将驰龙的头骨与伶盗龙的头骨进行了对比和力学分析，最后推算出驰龙的咬合力是伶盗龙的三倍。驰龙颈部弯曲，前肢灵活，后肢镰刀般的第Ⅱ趾虽然比其他的驰龙科恐龙要小，但是仍然使其在杀死猎物时拥有比其他肉食性恐龙更明显的优势。古生物学家在许多化石点都发现大型的植食

驰龙集体攻击慈母龙
PT-ZCFY-CP-ST-00012

性恐龙尸体周围散落着很多驰龙的牙齿，这说明驰龙是成群捕猎的，而且它们的目标往往是那些身体超过自己数倍的大家伙。

驰龙科这个动物类群虽然以驰龙为代表，但是驰龙被划归为驰龙科却是经历了漫长的分类历史才被确立下来的。

1914 年布朗等人采集到驰龙的化石标本后发现，这种动物的脚骨和头骨很大，在个体的身体中占有很大的比例。而在当时古生物学界已经给肉食性恐龙定出了一套身体各部分的比例标准，显然，新发现的这个化石标本并不符合这个标准。布朗等人在经过一番研究之后认为，发现的化石属于一个未成年个体，因为只有未成年恐龙在形态上才多表现出比成年个体更大的头部、

PT-ZCFY-QT-00012

眼睛及脚等特征。据此，驰龙被归于恐齿龙科（现为暴龙科的异名）。

1922 年，驰龙属被建立后，古生物学家根据它正式建立了驰龙科，不过当时对驰龙科的界定是模糊而不科学的。直到 1969 年，古生物学家约翰·奥斯特伦姆（John Ostrom）在发现恐爪龙之后，将恐爪龙、驰龙、伶盗龙三种动物的骨骼化石进行了对比，发现它们有很多共同特征，这才重新建立并界定了今天我们看到的驰龙科（驰龙类），此后更多的驰龙科成员的化石被发现，驰龙家族也渐渐变得兴旺起来。

驰龙虽然是一种原产于北美洲的小型驰龙科恐龙，但是它的名气还是很大的，在 BBC 制作的《与恐龙同行》系列片中，它们曾经成群结队在夜里袭击并杀死了年幼的牛角龙，在第二天一轮红日冉冉升起时只留下一具鲜血淋淋的骨架。除此以外，驰龙的化石模型还陈列于世界上很多著名的自然博物馆中，其中就包括北京自然博物馆。如果你有机会去北京自然博物馆参观，一定要好好找找，看看这些小强盗藏在博物馆的哪个角落里。

知识点：

1. 驰龙有一双视力极佳的大眼睛。
2. 驰龙具有强大的咬合力，是伶盗龙的三倍。
3. 驰龙喜欢成群捕猎，而且是晚白垩世北美洲最为常见的小型捕食者。

参考资料：

1. Matthew, W. D. and B. Brown (1922). The family Deinodontidae, with notice of a new genus from Cretaceous of Alberta. Bulletin of the American Museum of Natural History, 66: 367–385.

2.Colbert, E, D. A. Russell (1969). The small Cretaceous dinosaur Dromaeosaurus. American Museum Novitates, 2380: 1–49.

3.Currie, P. J., K. J. Rigby, et al (1990). "Theropod teeth from the Judith River Formation of southern Alberta, Canada", P. J. Currie and K. Carpenter: Dinosaur Systematics: Perspectives and Approaches. Cambridge: Cambridge University Press, 107–125.

北京自然博物馆的驰龙骨骼
PT-ZCFY-QT-00024

Without friends around, Tengger was cold and lonely. As the dominator of east hemi–sphere during late Cretaceous, no creatures dare to come near him.

For him, all contemporary animals will inevitably fall into his dessert and Tengger is destined to live alone, till his death.

His family was given an astounding name: *Achillobator*. Apparently, in search of a clear definition, paleontologists have found our greatest warrior in Greek mythology for the naming.

It is very interesting to see this cute part of human–being: We often, willingly and self–centeredly, put our emotions onto those who we express our feelings to, those includes the long–gone dinosaurs.

没有朋友的腾格尔孤独而冷酷。作为整个晚白垩世时期东半球的统治者，基本上没有其他生物愿意主动出现在它的身边。

对它来说，一切同时代的动物都可能会成为它的美餐。就凭这一点，腾格尔注定要孤独地行走在属于它的领地。从成年到死亡，一直都无法改变。

它的家族有一个令同时代其他恐龙胆战心惊的名字：阿基里斯龙。毫无疑问，古生物学家为了给这种驰龙亚科恐龙进行相对准确的定义，不惜以古希腊最伟大的战神之一来称呼它们。

由此可见，人类的确有很可爱的一面，为了向对方表达自己的感受，经常会一厢情愿地把自己的喜怒哀乐强加给对方，就连早已消失的恐龙也不能例外。

Achillobator: Dominator and wanderer of late Cretaceous

Nobody wishes to walk with danger;
the toughness is destined to live a bloody life alone

阿基里斯龙：晚白垩世的东半球统治者整天游荡在蒙古平原

没有谁愿意与危险同在，彪悍的生物注定要孤独地度过血腥的一生

PW-JH/YYKP-G-00008

中文名称：阿基里斯龙
学　　名：Achillobator
释　　义：阿基里斯的蜥蜴
体　　型：长 4 米至 6 米，高 2 米，重约 700 千克
生存年代：晚白垩世
化石产地：亚洲东部，蒙古国
命名者：Altangerel Perle，Mark Norell

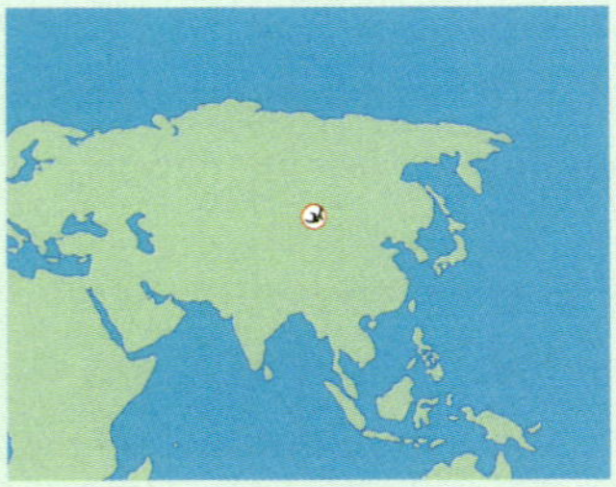

在亿万年前蒙古沙漠中，生活着一群强大的猎人。它们历经无数磨难和锤炼，成功地在这个恶劣的环境中生存了下来。它们骄傲而孤独，独来独往的身影成为大漠中神奇的游侠。

它们是阿基里斯龙，用自己的智慧和勇气在这片沙漠中打败了无数敌人，它们的首领是沙漠中赫赫有名的腾格尔。

腾格尔喜欢这片沙漠，虽然这里的条件很恶劣，但是它却从不缺乏食物。只是，有时候，这里的太阳光实在是太毒辣了，这点让腾格尔很不满意。

这天中午，腾格尔照例走到了红墙下来躲避这讨厌的日头。

红墙是这片蒙古沙漠上最为宏大的“建筑”，与一望无际的黄沙形成了鲜明的对比。沙漠上原本矗立着不少岩石群，但是由于长年大风和雨水的侵蚀，

许多石块逐渐掉落，在原来的岩石群周围重新堆积形成了一道高大的红色石墙。每当蒙古沙漠大沙暴来临的时候，这里总会聚集很多避难的动物，因此，它在这里的居民心中有着特殊的地位。不过，平时，这里只是沙漠首领腾格尔避暑的地方。

腾格尔紧贴着红墙向前走着，将自己的身体完全藏在了阴影之中。突然，一丝声音从红墙的后面传了过来，腾格尔仔细听着，脸上露出了微笑的表情，是自己喜欢的声音，它想。

它不由得加快了脚步，想看个究竟。就在红墙的一个巨大洞孔前，腾格尔停了下来，它慢慢地抬起脑袋，将脑袋一侧的眼睛靠近孔洞的边缘。当视野变得开阔的瞬间，腾格尔看到了一大群原角龙，它们与自己只隔着一堵石墙。

PT-ZCFY-CP-ST-00013

食物让腾格尔变得兴奋起来，它忘记了正午的高温。个小肉多的原角龙是它最喜欢的食物之一，而捕捉这些原角龙对腾格尔来说不过是小菜一碟。

腾格尔用力一跃，跳上石洞，它虎视眈眈地盯着眼前的猎物们，张开嘴发出摄人心魄的吼叫声……

时间一直到了公元前六世纪中叶，一位名叫荷马的古希腊诗人再次提到了阿基里斯，只不过，这次的阿基里斯成为了一名实实在在的英雄。

据《荷马史诗》称，阿基里斯（拉丁语：Achilles）是海洋女神忒提斯与国王佩琉斯的儿子，他是所有希腊英雄之中最耀眼的一位，战无不胜。阿基里斯的母亲是不死的，所以她也希望自己的孩子不死。在阿基里斯出生后，忒提斯照样捏着他的脚踝将他浸泡在冥河斯提克斯（一说天火）中，使他全身刀枪不入，唯有脚踝，即忒提斯手握着的地方是例外，此即西方谚语“阿基里斯之踵”的来源。阿基里斯在特洛伊的战争中战无不胜，杀敌无数，其中包括特洛伊的王子赫克托耳。后来阿基里斯激怒了太阳神，在太阳神阿波罗指点下，特洛伊王子帕里斯用箭射中阿基里斯的脚踝，希腊人的第一勇士因此而死去。之后，解剖学家就将脚踝位置的肌腱（即阿基里斯被射中的位置）命名为阿基里斯腱。

阿基里斯龙的化石很早就被蒙古国当地的牧民发现，并且在一本蒙古杂志上被模糊地描述，它的化石产于蒙古东戈壁省的 Bayan Shireh 组地层。后来美国的古生物学者加强了与蒙古人民共和国的合作，许多零散发现的化石得到了系统而且科学的研究，阿基里斯龙就是这个合作项目的成果之一。1999 年，蒙古古生物学家 Altangerel Perle、美国的马克·诺瑞尔（Mark Norell）及吉姆·克拉克，根据由蒙古国当地牧民发现的恐龙化石，提出了阿基里斯龙的名字，相关的论文发表于《美国博物馆通讯》（*American*

Museum Novitates）上，诺雷尔和克拉克还根据发现的不同种类的驰龙科化石写了一篇名为《驰龙科习性》（Habits and affinities of dromaeosaurian dinosaurs）的文章。他们认为，当这种凶猛的恐龙猎食的时候，它会挥动后肢第Ⅱ趾上的巨大弯爪，如此剧烈的攻击运动需要强大的肌腱予以配合。它捕食时如英雄般威猛的气势，让研究人员联想到了《荷马史诗》中勇士阿基里斯战斗时的英姿。因此，他们把这种恐龙命名为阿基里斯龙——一个如此响亮的名字。

阿基里斯龙（属名 Achillobator），又名阿氏英雄龙，学名来自拉丁语中的“Achilles”（意为“阿基里斯”，《荷马史诗》中的英雄）。阿基里斯龙生存于距今 9800 万年前至 8300 万年前晚白垩世的蒙古地区，属驰龙科。

PT-ZCFY-QT-00013

阿基里斯龙体长 4 米至 6 米，高 2 米，重量约 700 千克，是一种大型的驰龙科恐龙。这种恐龙的化石骨骼被发现时大部分都是破碎不全的，其中包括一块上颌碎片及上面的牙齿，大部分的脊椎骨、肋骨、肩胛骨、骨盆、前肢及后肢骨。从外形上看，阿基里斯龙的头骨与驰龙的头骨很相似，但是比恐爪龙的头骨要宽。颈椎、背椎和尾椎骨比恐爪龙的要短。牙齿是弯曲并且带有锯齿的，与其他驰龙科不同的是，阿基里斯龙每颗牙齿前缘的锯齿间隔大于后缘的锯齿间隔。

根据目前唯一的一具化石标本，我们可以推测阿基里斯龙的外形特征：阿基里斯龙有一个大大的脑袋，嘴中长有两排锋利的牙齿，前肢长而灵活，后肢强健，脚部第Ⅱ趾上长有一对近 40 厘米的巨大弯爪，身后细细长长的尾巴末端已经骨化。阿基里斯龙是一个强大的猎人，它不但体型巨大，而且装备齐全，是那个时代的头号杀手，同地层发现的独龙、慢龙、巴克龙等恐龙都是它的猎物。

发现的阿基里斯龙化石从其椎骨骨缝完全愈合证明它是一个成年个体。利用恐爪龙的身体比例作为标准，取化石中较短的脊椎骨的长度进行测量，阿基里斯龙的体长在 5 米左右，属于体型很大的驰龙科。不过，通过现在公布的数据来看，只有犹他盗龙似乎要比阿基里斯龙还要大那么一点点。

除了巨大的体型之外，阿基里斯龙身上存在着一个所谓“嵌合体”的争议。首先，阿基里斯龙的耻骨直立，并且底部很大，这与驰龙科耻骨底部较小的特征不同；第二，阿基里斯龙的耻骨与坐骨同时指向后方，这是明显的鸟臀目和鸟类的特征，是其他蜥臀目动物不存在的；第三，阿基里斯龙的骨盆带有一些蜥臀目的原始特征。根据以上特征，部分古生物学家认为阿基里斯龙是古生物学上的一个嵌合体，但是目前仅发现了一具阿基里斯龙的不完整标本，因此还不适合过早地下结论。

名词解释

嵌合体一词意为，同一具化石是由不同种类的动物化石构成的。

名词解释

鸟臀目分为5大类：鸟脚类 (Ornthopoda)、剑龙类 (Stegosauria)、甲龙类 (Ankylosauria)，角龙类 (Ceratopsia) 和肿头龙类 (Pachycephalosauria)。

名词解释

哈利·丝莱（Harry Seeley）在1888年根据恐龙的骨盆结构，将恐龙分类成两大目，分别是蜥臀目与鸟臀目（Ornithischia）。两者的差异在于蜥臀目的骨盆形态比较接近早期的恐龙。

知识点：

1. 阿基里斯龙是晚白垩世的蒙古大地的头号杀手。
2. 阿基里斯龙脚部第Ⅱ趾上长有一对近40厘米的巨大弯爪。
3. 阿基里斯龙体长5米，是目前发现的体型第二大的驰龙科恐龙。

参考资料：

1. Perle A, Norell MA & Clark J.（1999）. A new maniraptoran theropod – Achillobator giganticus (Dromaeosauridae) – from the Upper Cretaceous of Burkhant, Mongolia. Contributions of the Mongolian–American Paleontological Project 101: 1 – 105.

2. Norell MA & Makovicky JA.（2004）. Dromaeosauridae. In Weishampel, D.B., P. Dodson, & H. Osmolska (eds.). The Dinosauria (2nd Edition). Berkeley: University of California Press. pp. 196–209.

If, so unfortunately, I live with *Utahraptor* in the same period, I think my best choice is to become a "non–existence"

The leading warrior known by human, surpassing *Achillobator* by size and height, *Utahraptor* is an invincible North American king in early Cretaceous.

Stamina, intelligence and velocity merged all into one creature, *Utahraptor* and *Achillobator* can be seen as a rare phenomenon in dinosaur ages. Their existence, to other living–beings, is very unfair and unjust, but nobody could change the facts...

如果不幸和犹他盗龙出现在同一时期，我想我最好的选择就是没有存在过。

在体型上超过阿基里斯龙而成为人类已知驰龙的头号战神，犹他盗龙在早白垩世无疑是不可战胜的北美洲帝王。

将体力、智力和速度融为一体，犹他盗龙和阿基里斯龙基本上是恐龙时代罕见的现象。但在北美洲和亚洲、在早白垩世和晚白垩世，分别出现了这样的恐龙，这又是一起相对其他生物来说很不公平的自然现象，但没有谁可以改变。

Utahraptor: An unforgettable dino-tragic creator in North America

If there is any justice of balance in Cretaceous,
Michael's family is the first group of dinosaurs that should never exist

犹他盗龙：北美洲不会遗忘的恐龙悲剧制造者

如果白垩纪还有公平而言，迈克尔家族就是不该出现的第一种恐龙

PW-JH/YYKP-G-00009

中文名称：犹他盗龙
学　　名：Utahraptor
释　　义：来自犹他州的盗贼
体　　型：长 5 米至 7 米，高 2 米，重约 800 千克
生存年代：早白垩世
化石产地：北美洲，美国，犹他州
命名者：James Kirkland，Robert Gaston

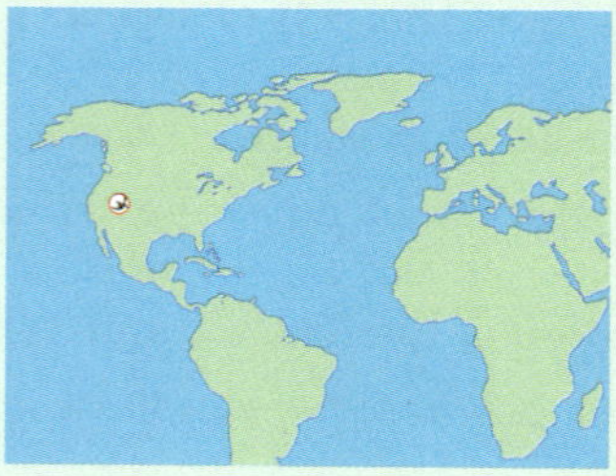

1 亿 2500 万年前的犹他州腹地，一只成年犹他盗龙迈克尔正在寻找着猎物，它慢慢地走在松软的红褐色土地上，留下一个个只有两个趾头的脚印。迈克尔目光敏锐的大眼睛仔细地搜寻着，突然间，它停了下来，刚刚抬起的左脚又轻轻地放下。迈克尔伸直了脖子，以确认目标。没错，远处稀疏的松木间的确有一小群动物在移动，那是属于鸭嘴龙超科的雪松山龙。

雪松山龙悠闲地走在岩石和沙土之间，那样子就像是在自家的花园中散步，根本没有发现近在咫尺的危险。它们前肢着地，依靠四肢行走，粗大的尾巴高高地翘在空中，并随着身体的运动柔和地晃来晃去。雪松龙暗黄色的皮肤上具有绿色的条纹和色块，这种颜色搭配的迷彩在平原地区具有很好的

伪装效果。不过俗话说的好：再狡猾的狐狸也斗不过好猎人，更不要说雪松山龙并不是很聪明，因此它们成为了大型肉食性恐龙最喜欢的猎物之一。

迈克尔发现猎物后并没有张开大嘴猛冲过去，聪明的猎人压低了身子，慢慢地绕到了雪松山龙们的身后。今天干燥的平原上没有什么风，因此迈克尔不用考虑占据上风向的问题，它借助地形和树木的掩护接近猎物，悄无声息。二十分钟后，迈克尔与雪松山龙之间的距离已经缩短到短短的 15 米，已经没有什么东西可以为它的进一步靠近提供掩护了。于是，迈克尔准备发起攻击。它将重心前移，脑袋压低到与肩部平行，后腿弯曲，肌肉紧绷。“嘣”的一下，迈克尔就像是一支离弦的箭，突然被射发，奔向它的猎物：一只亚成年的雪松山龙。

袭击突如其来，当群体后面的几只雪松山龙反应过来时，迈克尔已经冲到了它们的面前。雪松山龙大叫着并想要逃跑，但是高高跃起的迈克尔已经

PT-ZCFY-CP-ST-00014

犹他盗龙像是一支离弦的箭，突然爆发，奔向它的猎物：一只亚成年的雪松山龙。袭击突如其来，雪松山龙还没反应过来发生了什么，高高跃起的犹他盗龙已经将长在脚上长达 40 厘米的第 II 趾深深的刺入猎物的胸腔。遭到攻击的雪松山龙被猎人的重击打到在地，大量的鲜血从它的胸部喷溅而出，染红了身下的大地。

将长在脚上长达 40 厘米的第Ⅱ趾深深地刺入猎物的胸腔。攻击得手的迈克尔跳到一边，而遭到攻击的雪松山龙被猎人的重击打倒在地，它想要站起来，却再次瘫倒在地上。雪松山龙痛苦地咽下了最后一口气，大量的鲜血从它的胸部喷溅而出，染红了身下的大地。

这种凶狠的恐龙化石在 1991 年被古生物学家詹姆士·柯克兰（James Kirkland）与罗伯特·加斯顿（Robert Gaston）等在犹他州东部格兰德县的雪松山组（Cedar Mountain Formation）地层中发现，其正模标本包含：颅骨碎片、胫骨、趾爪及数节尾椎骨。经过研究，他们将这种新发现的恐龙命名为犹他盗龙，其正模标本目前存放在东犹他学院的古生物博物馆中，而迄今为止发现的最大的一具犹他盗龙化石则存放在杨百翰大学的博物馆中。

犹他盗龙（属名 Utahraptor），学名来自“Uath”（地名，美国犹他州）及拉丁语中的“Raptor”（意为“盗贼”），意思是“来自犹

PT-ZCFY-QT-00014

他州的盗贼”。犹他盗龙的模式种被命名为奥氏犹他盗龙（Utahraptor. ostrommaysorum），种名是为了纪念美国耶鲁大学的古生物学家约翰·奥斯特伦姆（John Ostrom）与 Chris Mays。犹他盗龙生存于距今约 1 亿 2600 万年前至 1 亿 1900 万年前早白垩世的北美洲，它是驰龙科的一种，是该家族目前发现的体型最大的成员。

犹他盗龙体长可达 5 米至 7 米，高度为 2 米，重量超过 800 公斤，如此体型差不多是恐爪龙的两倍。

犹他盗龙长有一个大大的脑袋，它的嘴里有两排剃刀状牙齿，每一颗约 5 厘米长，这是它撕咬猎物的重要武器。古生物学家通过对其头骨进行 CT 扫描发现，犹他盗龙大脑膨胀程度较大，这证明它们有较高的智商，而且很可能具有解决困难的能力，如同现在的某些大型猛禽一样。

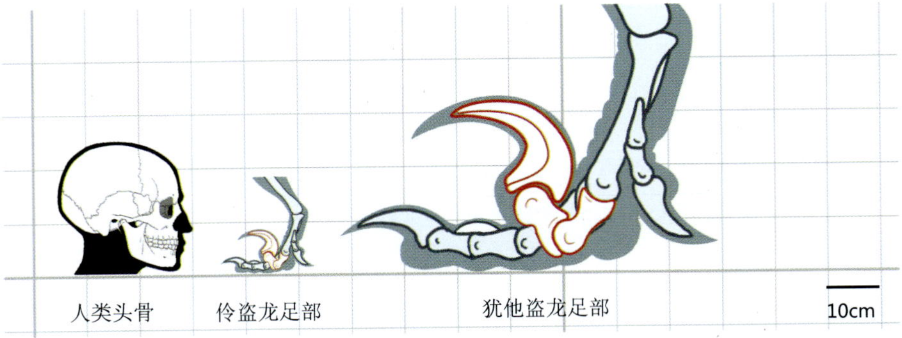

PT-ZCFY-JX-00018

犹他盗龙身体强壮，前肢较长，末端长有锋利的爪子。后肢如同其他的家族成员一样，长有一个锋利的镰刀状的弯爪，不过它的大爪子比其他驰龙科成员都要巨大，达到了破纪录的 40 厘米。你只要设想一下一把 40 厘米长的镰刀砍向自己是什么效果就会明白犹他盗龙有多么危险了。

犹他盗龙长由一条由骨棒连接而成的长尾巴，这条尾巴连接着脊椎，不能像哺乳动物那样灵活运动，整个尾巴在运动中的动作非常像一根鱼竿。尽管犹他盗龙的身材比其他驰龙科恐龙都要高大，但仍然具有很强的灵活性。研究人员推算出它的速度大约在每小时 40 公里左右，在体型中等的肉食性恐龙中它的速度已经是很快了。

犹他盗龙的整体结构合理，强壮有力，古生物学家还无法确定犹他盗龙身上是否长有羽毛，不过对其亲戚的研究越来越支持犹他盗龙是一种全身覆羽的动物。看起来它的样子活像一只在灌木丛间快速奔跑的超级火鸡。

与犹他盗龙生活在早白垩世犹他州的还有其他一些恐龙，包括禽龙类和甲龙类（在发现犹他盗龙化石不远处发现了加斯顿龙化石），这些恐龙都可能成为犹他盗龙的猎物。单独一只犹他盗龙就已经可以达到致命的效果，如果是一群犹他盗龙的话，那其攻击力将是毁灭性的。

知识点：

1. 犹他盗龙是驰龙科中体型最大的恐龙。
2. 犹他盗龙具有较高的智商，而且很可能具有解决困难的能力。
3. 犹他盗龙后肢长有 40 厘米长的一对锋利的镰刀状的弯爪。

参考资料：

1.Kirkland, J.I., Burge, D., and Gaston, R. (1993). "A large dromaeosaur [Theropoda] from the Lower Cretaceous of Utah." Hunteria, 2(10): 1–16.

2.Turner, Alan H.; Pol, Diego; Clarke, Julia A.; Erickson, Gregory M.; and Norell, Mark (2007). A basal dromaeosaurid and size evolution preceding avian flight. Science, 317: 1378 - 1381. doi:10.1126/science.1144066. PMID 17823350.

PT-ZCFY-CT-00008

小盗龙亚科
Microraptorinae

If there were a beauty contest, *Microraptor* would be top three, for she is so pretty.

If there were Guinness record in dinosaur world, *Microrapto*r would be on the list, for she is the smallest dinosaur known by human.

If there were Hollywood in dinosaur world, *Microraptor* would be a superstar, for she is the first known dinosaur that can fly into sky.

If there were falsification in dinosaur fossils, Microraptor would be a huge victim, for she was nominated one of the ten global scientific frauds.

…One early Cretaceous dinosaur discovered in West of Liaoning…How could she be entitled so many "number-ones" in human society?

如果恐龙也选美，小盗龙一定会名列三甲，因为它实在是太漂亮了。

如果恐龙也有吉尼斯纪录，小盗龙一定是榜上有名，因为它是人类已知的恐龙中体积最小的。

如果恐龙也讲跨界发展，小盗龙一定会被包装成超级巨星，因为它是人类知道的第一种会飞的恐龙。

如果恐龙化石也造假，小盗龙一定是最大的受害者，因为它的尾巴化石造假被列称为全球十大科学骗局之一 。

……一只中国辽西发现的早白垩世恐龙，为什么会在人类的世界拥有如此众多的第一？

Microraptor: A beauty with two pair of wings swiftly floats in the Cretaceous sky

The presence of Microraptor may have proved the saying: “Beauty will always be at the focus of history.”

小盗龙：拥有两对翅膀的美人轻巧地划破白垩纪的天空

也许小盗龙的出现只能说明人类世界的一句名言很有道理：“绝色的美女总是出现在历史的焦点中。”

PW-JH/YYKP-G-00010

中文名称：小盗龙
学　　名：Microraptor
释　　义：小盗贼
体　　型：长 55 厘米至 77 厘米，重约 1 千克
生存年代：早白垩世
化石产地：亚洲东部，中国，辽宁
命名者：徐星

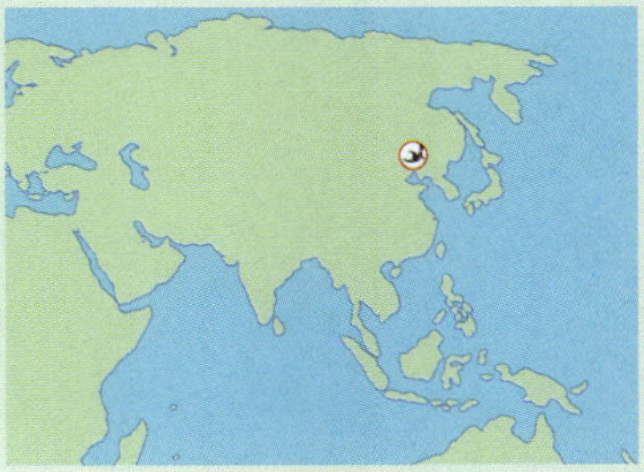

1 亿 3000 万年前的中国辽西，薄雾笼罩着大地，藏青色在茂密的森林中流动。动物们大都处于睡梦当中，四周一片寂静。突然，一个小小的影子从高高的树冠上一跃而起，打破了这种宁静。影子伸展开自己的四个翅膀，像树叶一般从空中飘然而下，轻轻地落到了地面。它很快消失在了周围茂密的灌木丛中，开始了新一天的生活。

这只拥有四个翅膀的神奇的动物叫小盗龙，是森林中的精灵。不过，曾经有很长一段时间，这种神奇的动物并没有被研究人员划到恐龙家族，而成为连接恐龙和鸟类的一种新物种。小盗龙真实身份的公布，经历了一段坎坷而漫长的过程……

1999 年 11 月，美国《国家地理》杂志用长达十页的版面，以醒目的大字标题刊出了一篇题为“霸王龙长羽毛了吗？”的文章。文章中首次报道了一块来自中国的奇特动物化石，研究人员将此化石上的物种命名为“辽宁古盗鸟”，并称它是一种“新物种”。据描述称，这种奇怪的鸟类长着一个较为进步的鸟类的身体和一个很典型的恐龙尾巴，被认为代表连接恐龙和鸟类的一个缺失环节，为鸟类恐龙起源说提供了最为直接的证据。

“辽宁古盗鸟”标本出自我国辽宁西部的白垩统地层，后来流失到美国，被美国犹他州布兰丁恐龙博物馆购得。在该馆馆长赛克斯的邀请下，世界闻名的兽脚类恐龙权威柯瑞博士介入了这一标本的研究。

随后，《国家地理杂志》于 11 月将这一研究成果写成了“霸王龙长羽毛了吗？”的文章，提出了“辽宁古盗鸟”的概念。同时，这一文章还介绍了中国科学院古脊椎动物与古人类研究所学者徐星在 1999 年命名的两种兽脚类恐龙——意外北票龙和千禧中国鸟龙。

文章发表之后，“辽宁古盗鸟”引起了世界范围内的轰动，各种媒体纷纷予以报道。

然而在 1999 年 12 月，中国学者徐星在研究另外一件采自辽宁的兽脚类恐龙标本的时候，却意外发现了一段很奇特的恐龙尾巴化石。说奇特，是因为徐星总觉得这段尾巴在哪里见过，他把标本采集回来之后，经过长时间的研究，终于发现这段尾巴正是“辽宁古盗鸟”化石中尾巴的一半，而原先已经发表的“辽宁古盗鸟”，极有可能是人为拼凑起来的一种动物。

这一发现，让徐星很是紧张。毕竟《国家地理杂志》发表的文章，都是经过柯瑞博士以及其他权威专家认证的，但是，他更相信眼前的化石和自己的专业能力。于是，他马上向美国国家地理学会通告了自己的研究结果。这一消息震惊了包括《国家地理杂志》主编在内的所有人。

本着有错必纠的原则，美国国家地理学会于 2000 年 1 月对外宣布了这一不幸的消息，随即在西方国家引起了轩然大波，包括 NBC、《今日美国》、《自然》和《科学》等著名媒体纷纷予以大篇幅报道。《国家地理杂志》承

PT-ZCFY-CT-00009

受了前所未有的压力。

2000 年 3 月，《国家地理杂志》刊登了徐星写给编辑的一封短信，向公众宣布了中国科学家的看法。

“辽宁古盗鸟”作为古生物研究史上一件非常尴尬的事件，不仅在专业的古生物学家当中，甚至在普通大众当中也造成了不小的影响。更有甚者，这个事件还被列为了震惊世界的十大科学骗局之一。

不过，事情还没有结束。

PT-ZCFY-CP-ST-00017

左图：马氏燕鸟 (Yanornis martini) 马氏燕鸟属于今鸟亚纲，是一种非常进步的鸟类。属名中的“燕”为发现地朝阳的古称；种名则是献给研究鸟类的古生物学家拉里 • 马丁 (Larry D. Martin)。它的喙较长，牙齿密集。在一件早期的燕鸟标本的胃部曾发现有破碎的鱼类化石，而在一件 2004 年的标本的胃部，则有植食性动物特有的胃石。这表明燕鸟是一种杂食性鸟类，从肉食到植食的转变可能是鸟类牙齿消失的原因之一。

下图：所谓古盗鸟其实就是这么个东西

PT-ZCFY-CP-XX-00014

小盗龙模式标本
PT-ZCFY-QT-00025

2001 年元旦，徐星和古脊椎动物研究所的工作人员在英国《自然》杂志上，发表了世界上最小的恐龙——赵氏小盗龙的研究论文。而正是这个赵氏小盗龙化石标本的长尾巴，使 1999 年轰动一时的“辽宁古盗鸟”原形毕露。

随后的 2003 年，徐星又发现了一个新的小盗龙种，并将其命名为顾氏小盗龙，以纪念已故的中国著名古生物学家顾知微。顾氏小盗龙的研究报告同样以论文的形式发表于当年的《自然》杂志上，并且登上了封面。顾氏小盗龙还被形象地称为“源自中国的四翼恐龙”。

至此，小盗龙的真面目才被完全揭开。

小盗龙(属名 Microraptor),学名来自拉丁语中的“Micro”(意为“小的”) 及“Raptor”(意为“盗贼”)，意思是“小盗贼”。该属目前包括两个命名种，分别是赵氏小盗龙（Microraptor. zhaoianus）与顾氏小盗龙（Microraptor. gui）。两个小盗龙种都发现于热河生物群的九佛堂组，位于中国东北的辽西地区。小盗龙生存于距今约 1 亿 3000 万年前至 1 亿 2500 万年前的早白垩世。

目前已经有 3 个赵氏小盗龙和 6 个顾氏小盗龙的标本被详细描述，其中证明小盗龙有进步飞羽的羽毛压痕大部分来自于顾氏小盗龙的化石标本。

小盗龙是一种小型的驰龙科恐龙，体长 55—77 厘米，体重估计在 1 千

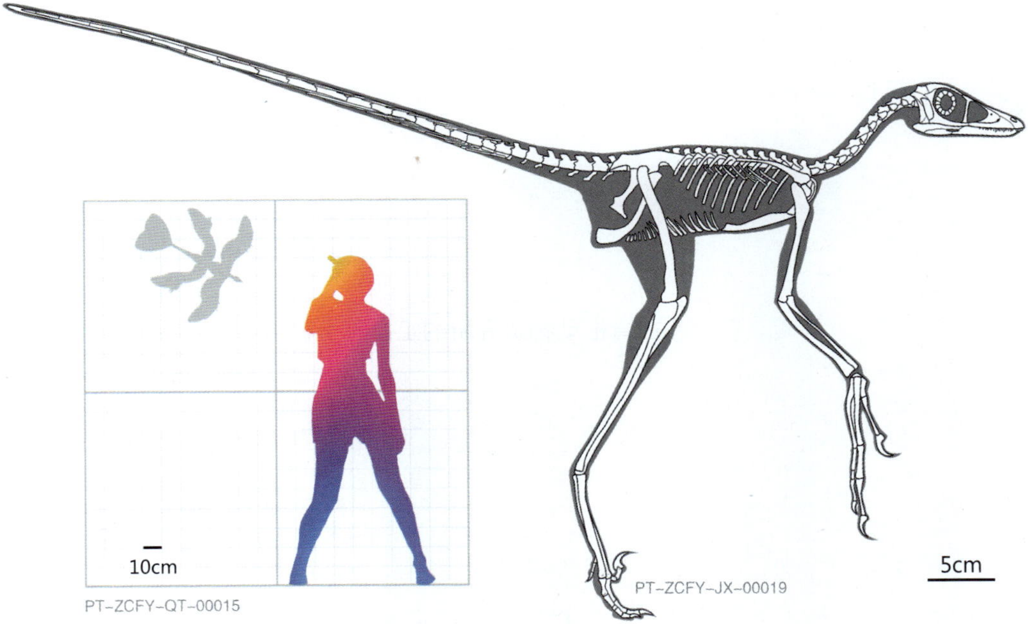

PT-ZCFY-QT-00015
PT-ZCFY-JX-00019

克左右，是目前发现最小的恐龙之一。

与其他大型驰龙科相比，小盗龙身体纤细，四肢很长，整个身体的骨骼显得长而细，这种结构大大降低了其身体的重量。

小盗龙四肢长有锋利的钩爪，而其后肢第 II 趾的弯爪相对于其他的爪趾并没有那么大，这都是为了适应它树栖的生活方式而进化出来的。

小盗龙在有羽毛恐龙与早期鸟类中相当独特，它们是已知的鸟类祖先中，脚部、前肢与头部都拥有长飞羽的少数物种之一。它们的身体覆盖着一层厚

厚的羽毛，其尾巴末端有个由尾部向外辐射的羽毛扇（可能在飞行中增加稳定性）。有些顾氏小盗龙标本的头部拥有高起的羽毛冠饰，类似某些现代鸟类，比如北美黑啄木鸟。

另一些标本上的颜色深与浅的区域可能显示动物生前羽毛颜色的不同（中华鸟龙和郑氏始孔子鸟化石中也有类似的情况）。小盗龙后肢上的羽毛可以说是真正意义上的飞羽，其结构如同现代鸟类。它们的前肢、后肢以及尾巴上的羽毛都是非对称的。

PT-ZCFY-CP-ST-00018

中华龙鸟 Sinosauropteryx

中华龙鸟是一种小型兽脚亚目美颌龙科 Compsognathidae 恐龙，身长约 1 米左右。它是世界上发现的第一种长有毛发的恐龙，它的毛发类似现代鸸鸵的原始次要羽毛。目前发现了数件中华鸟龙的标本，许多标本上的毛发印痕的颜色都具有有规律的深浅变化，2010 年 1 月，中国科学院古脊椎动物与古人类研究所研究员张福成等人将中华龙鸟毛发印痕中残留的黑色素体大小和分布形态与现代鸟类羽毛中的黑色素体作比对，推断出中华龙鸟生前的大致颜色以及花纹：中华龙鸟身体的毛发在生前呈现栗色或红棕色，尾部则是深浅的底色带有白色环形花纹。中华龙鸟是第一种被复原出真正颜色和花纹的恐龙。

如同现代鸟类翅膀，小盗龙拥有主要飞羽（头部）与次要飞羽（前肢）。后肢上也有相对应的羽毛结构，大腿、小腿及脚部上方也拥有飞羽。

小盗龙的独特翼部结构，引起了现代鸟类的飞行能力起源问题：鸟类是否曾经有过四翼飞行阶段，鸟类是地栖起源还是树栖起源，或是小盗龙这种靠四翼滑翔的动物只是没有留下后代的演化分支……

早在1915年，有些科学家就已经提出，在鸟类的演化过程中，曾经有过四翼飞行阶段的假说。古生物学家查特吉等人宣称从形态学和系统发生学上来看，目前的化石证据，不同种类的长有羽毛的恐龙、始祖鸟、某些现代鸟类如猛禽，都拥有独特的长在后肢上的羽毛，这显示鸟类的飞行是从四翼飞行模式逐渐进化成前翼飞行模式的。也就是说，所有现代鸟类

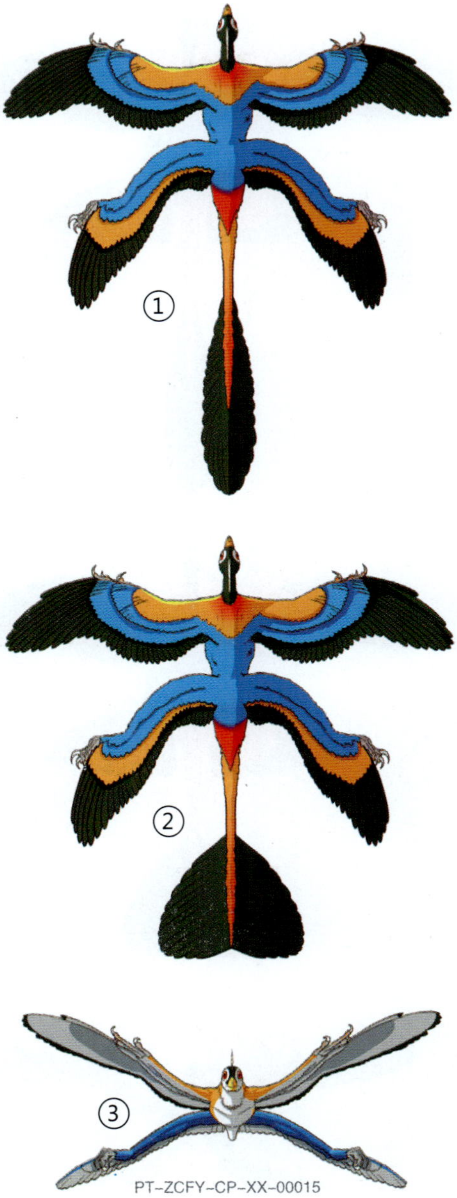

小盗龙前后肢共同驱动的飞行模式
①俯视图：尾部飞羽排列方式一
②俯视图：尾部飞羽排列方式二
③正视图

可能都是从某些靠四翼飞行的祖先演化而来的，或者是从某些独特的后肢长羽毛的祖先演化而来。

长有四个翅膀的小盗龙是如何“飞行”的呢？关于这个问题，在 2005 年 10 月中旬举行的盐湖城美国地质学会年会上，古生物学家加特尔吉和泰姆林提出了他们的新假说。他们认为：顾氏小盗龙的后翼完全可以有效地控制飞行。他们还通过对小盗龙前后翼的构造，分析出了各个部位在滑翔飞行中的作用。他们认为，小盗龙是树栖恐龙拥有滑翔飞行能力的最好例证，其中前翼和后翼同时发挥了滑翔的功能。滑翔中，顾氏小盗龙的后翼呈横 Z 形排列，在前翼下方起稳定作用。也就是说，在飞行时小盗龙

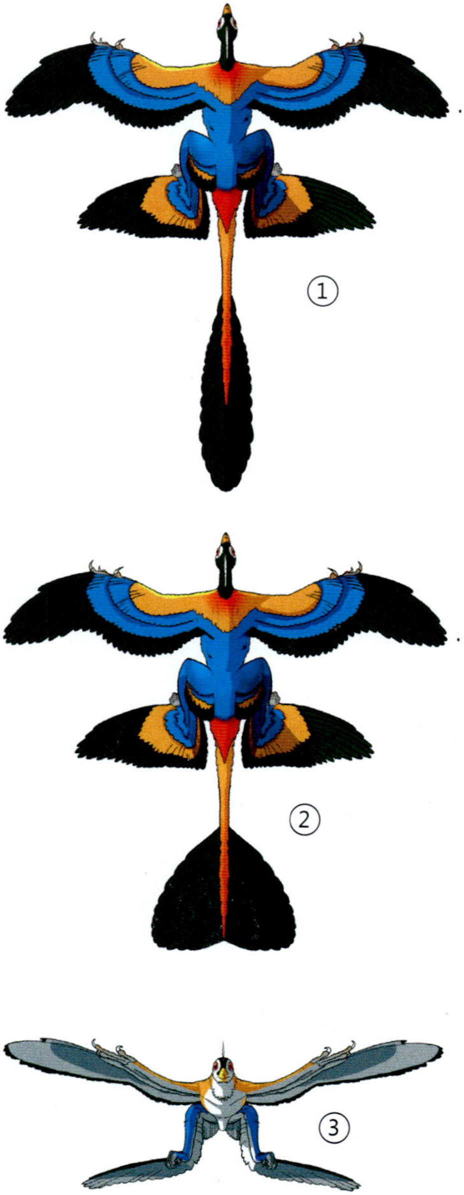

PT-ZCFY-CP-XX-00016

盐湖城美国地质学年会上提出的假说：小盗龙的“双翼机”式飞行模式
①俯视图：尾部飞羽排列方式一
②俯视图：尾部飞羽排列方式二
③正视图

会把后肢向前弯曲，折放在躯干下方，与前肢形成上下双层翅膀。当它以这个姿态飞行时，后肢姿势接近猛禽在空中飞扑猎物的姿势——大腿靠近身体，并处于次水平面的位置，这样可令翼面所受的阻力变小，便于飞行。在飞行中，这两组翅膀的位置与双翼飞机的机翼位置非常接近，也就是说，小盗龙很可能是翱翔在中生代天空中的双翼飞机。

事实上，早在 2003 年开始研究顾氏小盗龙时，中科院古脊椎动物与古人类研究所的学者便对其后翼的功能进行了分析。在研究员周忠和看来，当时他们对小盗龙展开的综合研究，并未将重点放在前翼、后翼的飞行机制上。而加特尔吉

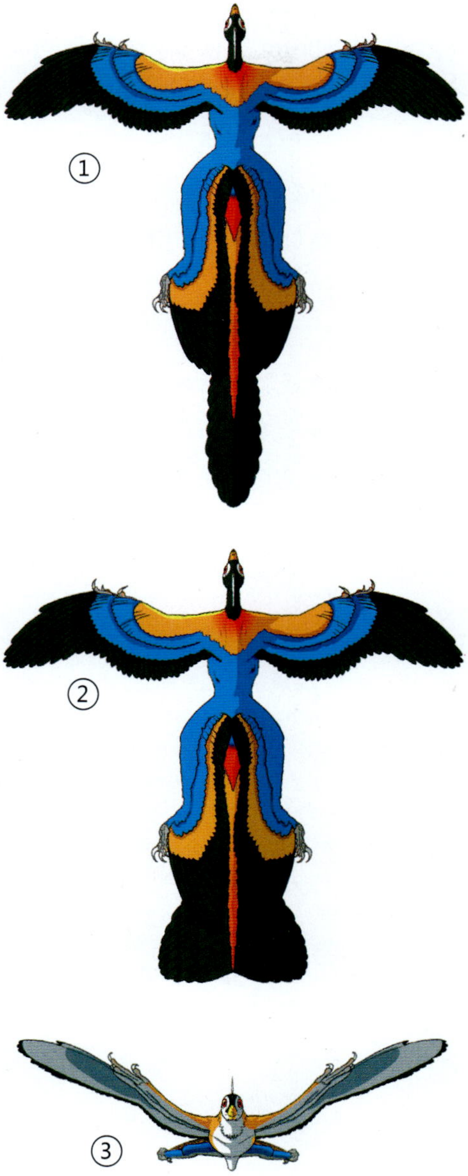

徐星提出另一种飞行形态假设：小盗龙两腿后伸，腿羽成一定角度搭在尾巴上，靠后肢提升升力
①俯视图：尾部飞羽排列方式一
②俯视图：尾部飞羽排列方式二
③正视图

所做的工作更为细致。美国加利福尼亚大学伯克利分校的古生物学家帕迪恩（Kevin Padian），依据后翼的概念与会飞恐龙和鸟类中的平行矢向的后肢运动方式不相吻合认为：后翼的羽毛有助于减小空气的摩擦力，提高小盗龙的奔跑速度。也有古生物学家认为，后翼的更大作用应该体现在调节体温或装饰上，因为浓密的羽毛可以保暖，花纹可能仅仅意味着保护色。尽管如此，小盗龙的后翼具有飞行作用依然是古生物学界的主流观点。

知识点：

1. 小盗龙是目前所知的世界上最小的恐龙。
2. 小盗龙长有四个翅膀，其脚部、前肢与头部都拥有长飞羽。
3. 小盗龙是树栖动物，生活在森林的中上层。

参考资料：

1.Hwang, S.H., Norell, M.A., Ji, Q., and Gao, K. (2002). "New Specimens of Microraptor zhaoianus (Theropoda: Dromaeosauridae) from Northeastern China." American Museum Novitates, 3381: 44pp.
2.Xu, X., Zhou, Z., Wang, X., Kuang, X., Zhang, F. and Du, X. (2003). "Four-winged dinosaurs from China." Nature, 421(6921): 335-340, 23 Jan 2003.
3.Beebe, C. W. A. (1915). "Tetrapteryx stage in the ancestry of birds." Zoologica, 2: 38-52.
4.Xu, X., Zhou, Z., and Wang, X. (2000). "The smallest known non-avian theropod dinosaur." Nature, 408 (December): 705-708.
5.Xu, X. and Norell, M.A. (2006). "Non-Avian dinosaur fossils from the Lower Cretaceous Jehol Group of western Liaoning, China."Geological Journal, 41: 419 - 437.
6.Xu Xing.(2006)." Deinony chosaurian Fossils from the Jehol Group and the Coelurosaurian Evolution" Jouraual of the Graduate School of the Chinese Academy of Sciences,708-712.
7. 张弥曼（2001），热河生物群，上海科学技术出版社，P82.ISBN 7532361446.
8. 徐星（2003），奇特的顾氏小盗龙，百科知识，2003.7，P28.

Sometimes I am even wondering that it might be a mistake from paleontologist, for I can' t accept the tragedy on *Cryptovolans*. It is a tragedy most of us might find similar, and the compassion may be aroused from. As a delicate dinosaur, *Cryptovolans* and dino-star *Microraptor* were both from Cretaceous, and their fossils were both found in west of Liaoning. They both can fly, and possesses two pairs of beautiful wings. And they even have the long tail. However, *Cryptovolans* is not so popular, and not of much attention even in the field of paleontology.

It is unfortunate to say that *Microraptor* is too fortunate. She is just a little smaller, nominated a little earlier…After series of coincidences; *Cryptovolans* was under shadowed by *Microraptor*. Thus when people are talking about *Microraptor*, *Cryptovolans* might be mentioned occasionally, or appreciated due to confused description as *Microraptor*.

有时候我竟然在想，一定是古生物学家搞错了，因为我实在无法接受发生在羽龙身上的悲剧。这是一个值得大部分人类产生同情心的悲剧——现实生活中，太多的人都有过相同的经历：作为一只小巧的恐龙，羽龙和恐龙明星小盗龙来自同样的早白垩世，就连化石发现地也是同样的中国辽西。它们同样会飞，而且同样拥有两对漂亮的翅膀。甚至同样拥有那个长长的尾巴……但是，羽龙不仅在大众里默默无闻，就是在古生物界也是很少有人研究。

现实总是这么残酷，因为小盗龙的运气实在是太好了。它的体积只比羽龙小那么一点点，它的命名只比羽龙早一年，它遇到了最严重的化石造假事件……一系列的巧合之后，羽龙只能默默无闻地成为小盗龙的陪衬，在人类谈及小盗龙的时候，羽龙才会被偶然想起或者又被误认为是小盗龙而莫名其妙地赞美一番。

Cryptovolans：The compassion for a shadowed tragedy

Flying Dromaeosauridae are relatives, and they are coming from a place called west of Liaoning

羽龙：第二名的悲伤总是令人同情

原来会飞的驰龙都是亲戚，她们都来自中国一个叫做辽西的地方

PW-JH/YYKP-G-00011

中文名称：羽龙
学　　名：Cryptovolans
释　　义：隐藏的飞行者
体　　型：长 0.9 米，高 0.3 米，重约 2 千克
生存年代：早白垩世
化石产地：亚洲东部，中国，辽宁
命名者：Czerkas

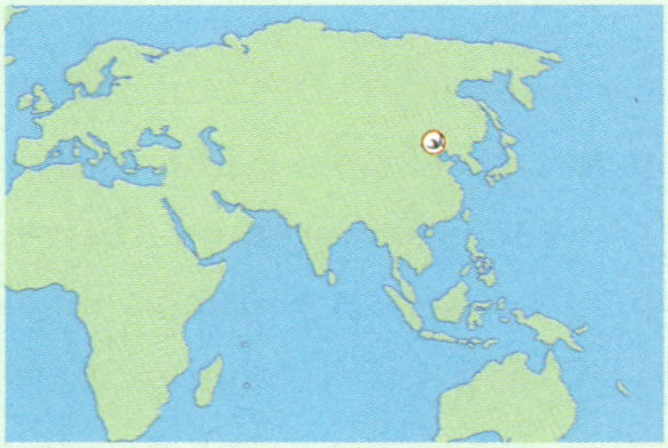

在早白垩世辽西茂密的森林中，色彩斑斓的羽龙小羽幸福地生活着。羽龙们身材娇小，虽然并不能在动物王国中占据统治地位，但却能自由自在地在森林中飞翔。只是这一点，它们已经很满足了。

它们总是起得很早，在第一缕金色的太阳光穿过薄雾、照进森林的时候，展开自己五彩的羽毛去迎接新的一天。的确，在大部分同伴或敌人都只能在地下生活的时候，栖息于树枝上的小羽和伙伴们时常都感觉很骄傲。它们喜欢在绚丽的太阳光下抖动着自己的羽毛，就像森林中的首领总是喜欢咆哮一样。不过，优雅的羽龙总是对这样粗暴的方式感到不满。

一只红色的蜻蜓在绿色的灌木丛中跳跃，站在树冠上的小羽心里窃喜。

它轻轻跃起，收紧翅膀，朝着蜻蜓的方向冲了下去。即使是捕食，它也不忘在空中划出优美的弧线……

羽龙的化石发现于中国辽宁省的九佛堂组地层，其正模标本是一个由三块破碎的化石所拼接成的化石，目前存放于北票市古生物博物馆中。

2002 年，古生物学家马克·诺瑞尔（Mark Norell）等人就根据羽龙的化石发表了一篇研究论文，但奇怪的是他们并没有给这种新发现的物种命名。就在同一年，另一位古生物学家科泽卡斯（Czerkas）将诺瑞尔在论文中描述的物种命名为羽龙，并且认为羽龙是原始鸟类的一种。

2005 年，古生物学家 Feduccia 等人在对比了羽龙和小盗龙的化石后认为，羽龙其实就是小盗龙，如果这是正确的话，按照国际上同行的命名优先权，羽龙只不过是一种小盗龙罢了。不过后来研究人员发现羽龙的尾巴比小盗龙的长，而且两者的尾椎骨数量也不相同，因此羽龙最终保持了独立的属种。

羽龙（属名 Cryptovolans），学名来自拉丁语中的“Crypto”（意为“隐蔽、隐藏”）及“Volans”（意为“飞行”），意思是“隐藏的飞行者”。羽龙的模式种被命名为保氏羽龙（Cryptovolans. pauli），种名是为了纪念古生物学家格里高利·保罗（Gregory S. Paul）。羽龙生存于距今 1 亿 3000 万年前至 1 亿 2500 万年前早白垩世的中国东北，属于驰龙科。

羽龙体长 0.9 米，高 0.3 米，体重在 2 千克左右。

羽龙与小盗龙的外形很相似，细长的四肢，长长的尾巴由 28 到 30 块尾椎骨组成，小小的带有空腔的脑袋中隐藏着更多的智慧。

羽龙的标本表现出的特征包括：骨化胸骨、第 III 指与相接的一节掌骨。

关于羽龙羽毛的生长和飞行问题，古生物界曾经存在着不小的争议。

PT-ZCFY-QT-00016

最早描述羽龙化石的诺瑞尔认为，羽龙的全身都长有羽毛。后来羽龙的命名者科泽卡斯在研究羽龙的化石时判断，羽龙的羽毛只是长在前肢上的，后肢并没有长有羽毛。于是他在自己的著作*Feathered Dinosaurs and the Origin of Flight*》中指出诺瑞尔的研究报告存在错误。但是，后来发现的多个顾氏小盗龙的化石标本却再次显示诺瑞尔的观点是正确的，因为那些新的化石标本明显地可以显示出羽龙是全身都长有羽毛的。随后，科泽卡斯在他后来新的著作中承认了自己的错误并更正了原来的观点。

许多古生物学家认为羽龙拥有比始祖鸟更优秀的飞行能力，证据就是羽龙有一个胸骨和具有钩突（Uncinate process）的肋骨，这是现代鸟类的特征。因此一部分古生物学家假设早期的驰龙科是具有飞行能力并且生活在树上的，后来它们开始移居到地面上生活，体型也不断地大型化，最后失去了飞行的能力。但是这个理论缺乏更多的证据，因为羽龙身上类似现代鸟类的羽毛和身体结构很可能是为了适应特定的生存环境独自演化出来的。

科泽卡斯在2000年则提出了一个更加大胆的看法，他认为：鸟类是早于兽脚类恐龙出现的，而驰龙科是在进化中失去了飞行能力的鸟类，不过目前古生物界只有极少数人赞同这种观点。羽龙身上显示出来的众多的飞行特

始祖鸟是迄今为止，最为原始、最为古老的鸟类，它们生存于距今 1.5 亿年前中侏罗世的德国。始祖鸟体长 0.5 米，比一只鸽子大不了多少，是一种小巧而灵活的动物。作为最早的鸟类，始祖鸟的身上既长有飞羽，又长有长长的尾巴和具爪的前肢，它的发现在 19 世纪就向人们昭示了恐龙与鸟类的亲密关系。

征是怎么进化来的，其中又隐含着怎样的恐龙与鸟类的进化关系，还需要古生物学家进一步的研究。

知识点：

1. 羽龙长有非对称羽毛，可以飞行。
2. 羽龙化石发现于中国辽宁省，是热河生物群的重要一员。
3. 许多古生物学家认为羽龙拥有比始祖鸟更优秀的飞行能力。

参考资料：

1.Norell, Mark, Ji, Qiang, Gao, Keqin, Yuan, Chongxi, Zhao, Yibin, Wang, Lixia. (2002). "'Modern' feathers on a non–avian dinosaur". Nature, 416: pp. 36. 7 March 2002.

2.Xu, Xing, Zhou, Zhinghe, Wang, Xiaolin, KUang, Xuewen, Zhang, Fucheng, Du, Xiangke. (2003) "Four–winged dinosaurs from China". "Nature", 421: pp. 335–340. 23 January 2003.

3.Feduccia, Alan, Lingham–Soliar, Theagarten, Hinchliffe, J. Richard. "Do feathered dinosaurs exist? Testing the hypothesis on neontological and paleontological evidence" "Journal of Morphology" 266:125–166.

4. Xing, X., Zhou, Z., Wang, X., Kuang, X., Zhang, F., and Du, X. (2003). "Four–winged dinosaurs from China." Nature, 421: 335 - 340.

5.Czerkas, S.A., Zhang, D., Li, J., and Li, Y.（2002）. “Flying Dromaeosaurs”, Czerkas, S.J.: Feathered Dinosaurs and the Origin of Flight: The Dinosaur Museum Journal 1. Blanding: The Dinosaur Museum, 16–26.

PT-ZCFY-CT-00010

Not eye-catching with a slim figure, yet the eminent origin cannot resist our curiosity towards *Graciliraptor*: According to the recent discovery, paleontological field believes that *Graciliraptor* is the ancestor for all Dromaeosauridae. In west of Liaoning, the fossil of Gracili raptor is actually fragmented, but all evidences with limited fossil record are sufficient to prove his origin. His thriving age can even be traced back to late Jurassic.

Pursuit of origin is, of course, a good human nature, and it is an important characteristic for science.

瘦小的身材虽然不是很起眼，但显赫的出身依然无法阻挡人类对纤细盗龙的好奇：根据目前的资料表明，古生物学界基本都认可中国学者徐星和汪筱林关于纤细盗龙是驰龙科祖先类型的说法。在驰龙化石发现非常密集的中国辽西，纤细盗龙的化石其实并不是很完整，但有限的化石已经可以证明它就是元老级的驰龙科恐龙。有关纤细盗龙的生存年代，甚至可以追溯到比白垩纪更早的晚侏罗世。

对于事物根源的追问是人类特有的习性之一，当然这并不是什么不好的事情，相反是现代科学的重要精神品质。

Graciliraptor： The ancestor of Dromaeosauridae is slim

The current fossil could help to prove that Dromaeosauridae originated from one ancestor

纤细盗龙：驰龙的祖先就是一个瘦小的恐龙

古生物学家从目前已知的化石来判断，庞大的驰龙科恐龙是来自同一个祖先

PW-JH/YYKP-G-00012

中文名称：纤细盗龙
学　　名：Graciliraptor
释　　义：纤瘦的盗贼
体　　型：长 1.5 米，高 0.5 米，重约 15 千克
生存年代：早白垩世
化石产地：亚洲东部，中国，辽宁
命名者：徐星、汪筱林

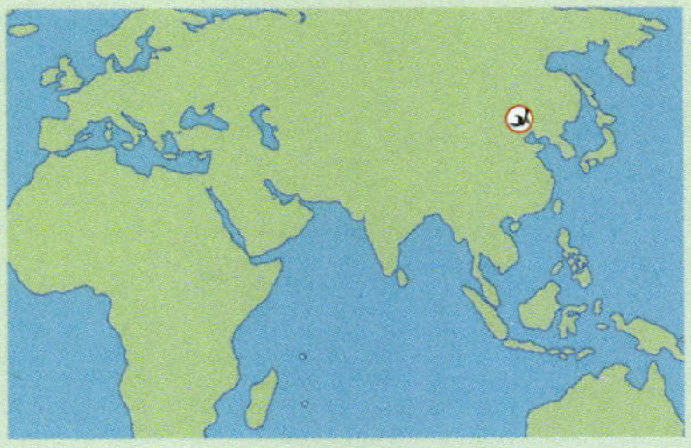

像是撒满了碎银的水面在微风的波动下不时地泛起一圈一圈的涟漪，翠绿色的木贼（水边的植物）随着涟漪的韵律不时地上下浮动着，站在木贼上的蜻蜓惬意地享受着这样免费的按摩，抬头欣赏快要坠落的夕阳。

这是一天当中最美丽的时刻，暗红色的夕阳退去了正午时分的灼热，温顺地将自己剩余的暖暖的阳光洒向这里的居民身上。再过一会儿，太阳就会滑落到不远处的丘陵下面了，爱晒太阳的小动物们都在抓紧着这最后温暖的时光。

纤细盗龙细尾虽然并不贪念这暖暖的感觉，但是它却喜欢在这个时候四处走走，因为它的食物们大多都会在这个时候放松警惕。细尾在这片土地上并不十分起眼，因为它们的整个家族纤细盗龙身形都很纤瘦，大概都只有 1.5

PT-ZCFY-CP-ST-00021

米，四肢细长。不过，它有一个大大的脑袋和一双大大的眼睛，这让它看起来可爱了不少。

细尾抖了抖它那淡黄色的绒毛，迈开步子走了起来。虽说是去捕猎，不过在这样美丽的傍晚，它可不想把自己弄得脏脏的。

没走多远，细尾就来到了小溪边。这里几乎是它每次捕食必经的地方，很多蜻蜓都喜欢在这里停留，而它们正好是细尾喜欢的食物。

果然不出细尾所料，一只绿色的小蜻蜓正悠哉悠哉地站在木贼上极目远眺呢！细尾觉得可笑，这些没有什么防御能力的家伙，还不能保证自己的生存，却总喜欢把自己装弄得很有品位。

细尾一步一步地、悄悄地靠近这只蜻蜓，而蜻蜓根本没有意识到危险的来临。

细尾离蜻蜓越来越近了，到了只有短短的十厘米的距离的时候，细尾停下了脚步。它屏住呼吸，将头轻轻一侧，张开大嘴准确无误地咬住了猎物。

站在蜻蜓不远处的伙伴们被这突如其来的进攻吓得四处飞窜，摇晃的木贼从又渐渐恢复了有节奏的律动。

细尾不紧不慢地吞着猎物，四片翅膀从它的嘴中掉出来，翻着跟头落到河中，随着水流向下漂去了……

后来，包括细尾在内的纤细盗龙家族的化石标本发现于中国辽宁省北票市西部的陆家屯，产出地层为义县组最下层，与其具有亲缘关系的中国鸟龙与小盗龙的化石产于较上层。纤细盗龙的正模标本（编号 IVPP V13474）包括带有数个牙齿的不完整上颌骨、几块尾椎骨、几乎完整的前肢及部分后肢化石。

纤细盗龙由古生物学家徐星和汪筱林于2004年描述并命名，研究论文发表于同年出版的《古脊椎动物学报》第42卷上，名为 *A new*

Dromaeosaur(Denosauria: Theropoda) from the Early Cretaceous Yixian Formation of Western Liaoning(辽宁省西部早白垩世义县层出产的新驰龙类)。

纤细盗龙（属名Graciliraptor），学名来自拉丁语中的“Graciliis”（意为“细弱、瘦弱”）及“Raptor”（意为“盗贼”），意思是“纤

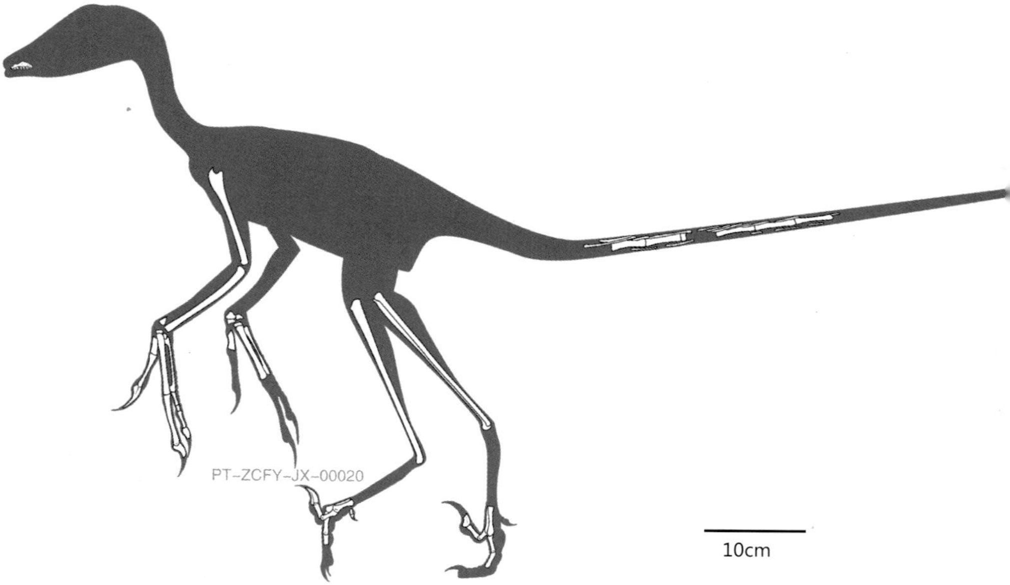

瘦的盗贼”。纤细盗龙的模式种被命名为陆家屯纤细盗龙（Graciliraptor. lujiatunensis），种名“lujiatunensis”代表化石的发现地点陆家屯。纤细盗龙生存于距今1亿3900万年前至1亿2800万年前早白垩世的中国东北，是一种身上长有羽毛的驰龙科恐龙。虽然目前有来自欧洲的证据表明驰龙科可能生存在更早期的晚侏罗世，但是最确凿的化石还是发现于中国东北的纤细盗龙，生活在早白垩世。

PT-ZCFY-QT-00017

纤细盗龙与发现于热河生物群的其他三属驰龙科恐龙都不相同，它的发现代表了当时已知最早的驰龙科恐龙。不过，作为一个家族的成员，纤细盗龙和其他驰龙科有着共同的特征：包括尾椎前关节突和脉弧出现加长、牙齿后缘锯齿明显大于前缘锯齿、指节明显缩短。同时，作为早期的驰龙科，纤细盗龙也表现出一些不同于其他驰龙科的特征：包括中段的尾椎骨存在一板状结构连接左右后关节突、中段尾椎骨表现出椎体细长、前肢第 I 指明显小于第 II 指、第 III 掌骨近端明显膨大、胫骨细长、胫骨近端骨干横截面方形、距骨内髁明显向后膨大和第 II 跖骨远端明显宽于其他跖骨。

系统发育学的分析表明辽西的驰龙科构成一个单系类群，其属于驰龙科的早期分支，也就是说辽西的驰龙科是自成体系，逐渐演变的。包括纤细盗龙在内的辽西驰龙科具有桡骨比尺骨纤细，半月形腕骨与第 II 掌骨关联密切，第 I 指明显缩短和脚部爪指弯曲度大等特征，这些特征与早期鸟类非常接近，这为驰龙科与鸟类具有很近的亲缘关系提供了大量的证据。

同时，辽西的驰龙科后肢和尾椎上的一些特征也显示出了与伤齿龙科的相似性。对辽西驰龙科化石的研究表明，驰龙科、伤齿龙科与鸟类有着紧密的关系，三者之间的形态差距也大大缩小。包括纤细盗龙在内的众多带羽毛的近鸟恐龙的发现和研究也表明鸟类的演化过程是复杂的、不均一的。

另外，在辽西发现的驰龙科显示在早白垩世时期驰龙科内部属种之间已经存在高度分异。从这方面推测，驰龙科的早期演化并不是以其外形变化为主，其变化更多的是存在于属种间的分异程度上的，因此辽西发现的驰龙科对于了解驰龙科的早期演化具有重要意义。

知识点：

1. 纤细盗龙是已知生存年代最早的驰龙科恐龙。
2. 纤细盗龙是目前热河生物群中发现的体型最大的驰龙科。
3. 辽西的驰龙科是自成体系，逐渐演变的，而纤细盗龙就是其家族的开始。

参考资料：

Xu, X. and Wang, X.-L. (2004). "A New Dromaeosaur (Dinosauria: Theropoda) from the Early Cretaceous Yixian Formation of Western Liaoning." Vertebrata PalAsiatica, 42(2): 11-119.

He has a wing, yet he can’t fly. I don’t know if *Hesperonychus* might be disappointed about his life. But I do know that I would definitely be shooting pictures with him if I had a time machine to take me back to late Cretaceous’ Canada. *Hesperonychus* must be a competitive candidate for the role of “angel’ in dinosaur kingdom. For Americans who get use to seeing huge dinosaurs in their films, it may be hard for them to imagine there existed such a small one on the same of piece of land before.

拥有一对漂亮的翅膀却不能飞翔，我不知道西爪龙会不会经常为有这样的遭遇感到伤心。

如果有一台时光机器可以带我去晚白垩世的加拿大，我想我一定会和西爪龙合影留念。如果恐龙王国也有“天使”这一类昵称，北美洲最小的恐龙西爪龙一定是个很有竞争力的候选者。这对于在电影里看惯了恐龙巨大威猛形象的美洲人，也许很难想象在他们脚下的土地上，曾经出现过西爪龙这样的小型恐龙。

Hesperonychus：Running with a beautiful wing

The smallest dinosaur in North America

西爪龙：长着漂亮的翅膀在陆地上奔跑

北美洲最小的恐龙活跃在晚白垩世的加拿大恐龙圣地阿尔伯塔

PW-JH/YYKP-G-00013

中文名称：西爪龙
学　　名：Hesperonychus
释　　义：西部的爪
体　　型：长 0.6 米，重约 1.5 千克
生存年代：晚白垩世
化石产地：北美洲，加拿大，阿尔伯塔省
命名者：Nicholas R. Longricha，Philip J. Currieb

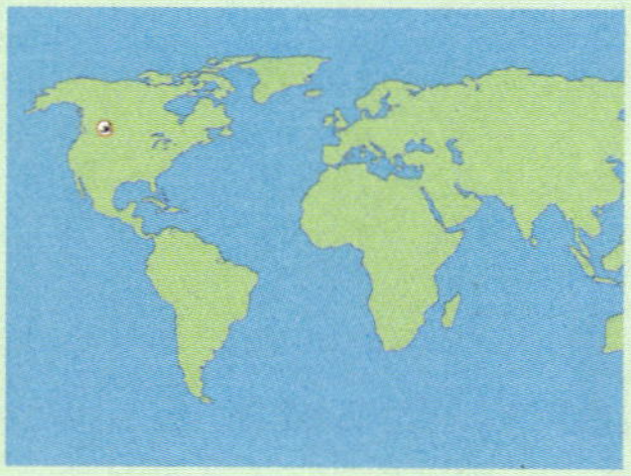

7500 万年前的北美洲西部，包括斯考特在内的几只西爪龙正准备从广阔的濒海平原上穿过，到对面的森林中去。

西爪龙真的是太小了，体长只有短短的 0.6 米，还没有现在的一只喜鹊大。这么长路程的迁徙，对于这些小家伙们来说的确有点吃力。不过，为了孩子能到一个更好的地方生存，它们没有什么怨言。在这几只西爪龙里，有两只雌性西爪龙刚刚成为母亲。

雌性西爪龙和幼小的西爪龙在雄性的保护下，缓慢地穿梭于辽阔的平原上。在如此浩瀚的土地上，它们很容易被忽略。当然，也正因为这样，几乎没什么攻击力的它们才能随时逃命。

长时间的行走总是会遇到很多困难，这不，一群高大的蜥脚类恐龙正缓

慢地从它们的对面走来，它们宽大的脚掌在松软的沙地上留下一串串圆形的脚印。

看来，它们要穿过这片宽阔的土地，一定要与这群庞然大物正面相遇了，但是它们实在是太小了，稍不留神，它们就会葬身于这些庞然大物的脚下。怎么办？考斯特知道它们不能就这么死去，它们还有孩子，孩子们才刚刚来到这个世界上。

犹豫片刻，斯考特准备大着胆子冒险躲过这场灾难。它告诉雌性西爪龙和小西爪龙屏住呼吸，选择蜥脚类恐龙群的中间作为穿越路线，轻手轻脚地从它们中间走过去。这些体长只有巨物的三十分之一，体重更是只有它们几万分之一的西爪龙开始了一次艰难的旅程。

先是斯考特它屏住呼吸，在巨物的身下像袋鼠般一蹦一蹦地向前跃进，这种不常见的运动方式至少比双腿奔跑速度要快，它们要尽快离开这片危险之地。

PT-ZCFY-CP-ST-00022

好像只是一瞬间，斯考特就穿过了巨脚阵，它高兴地站在那里蹦蹦跳跳，为自己的成功而欢欣雀跃。而其他的雌性西爪龙也备受鼓舞，带领着幼小的西爪龙鼓足了勇气冲进了蜥脚类恐龙粗壮的四肢之间……

晚白垩世的北美洲是个巨物横行的世界，著名的暴龙、三角龙、甲龙都是那个时代的狠角色，似乎只有些哺乳动物或是蜥蜴这些小不点儿到处受气。不过近年来的一些发现改变了以往大家的看法，原来那些整天提心吊胆、东躲西藏的哺乳动物也有可以欺负的恐龙——西爪龙。

这些可爱的小家伙并没有很早就被人们熟知，人们更多的是知道生活在晚白垩世北美洲的暴龙、三角龙和甲龙。虽然，在 1982 年，加拿大皇家泰勒古生物博物馆的海洋爬行动物馆馆长伊丽莎白·尼科尔斯（Elizabeth Nicholls）就在著名的恐龙公园组（Dinosaur Park Formation）地层中发现了一部分这些小家伙的骨盆的化石，但是这块化石并没有引起研究人员的兴趣，也没有人知道这就是后来的西爪龙。

直到 2009 年，尼克·朗里奇和菲力·柯尔在《美国科学院院刊》上以《晚白垩世北美——小盗龙类(恐龙，驰龙科)》为题发表了对这一标本的研究论文，并将其命名为——伊氏西爪龙（Hesperonychus elizabethae）——北美已知最小的恐龙。研究人员对库房中的化石进行了分析整理，发现除了那块骨

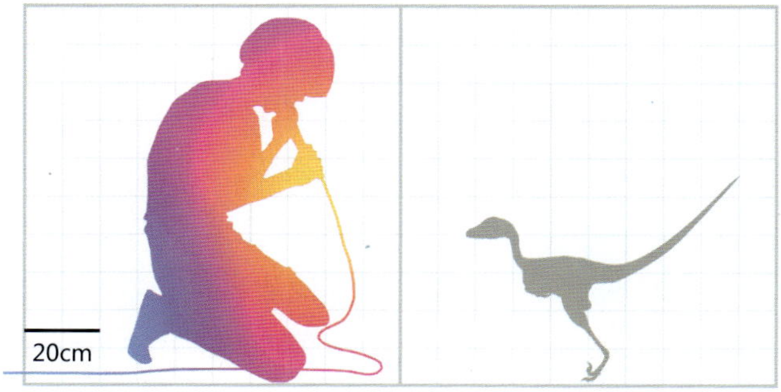

PT-ZCFY-QT-00018

盆外，博物馆中的一些小型手指、脚趾骨也应该是属于西爪龙的。

西爪龙（属名 Hesperonychus），学名来自拉丁语中的“Hesper”（意为“西部的”）及“Onychus”（意为“爪”），意思为“西

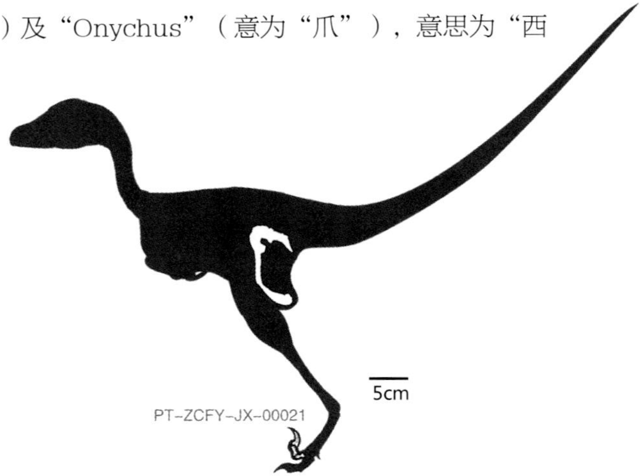

部的爪”。西爪龙的模式种被命名为伊氏西爪龙，种名是为了纪念加拿大皇家安大略博物馆的已故古生物学家、西爪龙的发现者伊丽莎白·尼科尔斯研究员。西爪龙生存于距今 7500 万年前晚白垩世的北美洲，属于驰龙科小盗龙亚科。

西爪龙是目前北美洲发现的最小的恐龙。西爪龙的体长不足 60 厘米，体重约 1.5 千克，个头还没有我们经常看到的喜鹊大。就在 2008 年，加拿大的古生物学家还以发现了体长 75 厘米，体重 3 千克的北方阿尔伯塔爪龙（Albertonykus boreali）而沾沾自喜，却没想到时隔一年，这个北美洲体型最小恐龙的纪录就被自己人打破了。

在发现西爪龙之前，小盗龙亚科成员仅分布于早白垩世的东亚地区，包括小盗龙（Microraptor）和中国鸟龙（Sinornithosaurus）。西爪龙的

发现使小盗龙亚科的地理分布、生存年代都得到延展，同时也表明北美与亚洲白垩纪动物群之间存在着密切的联系。西爪龙的生存年代比小盗龙晚了约4500万年，是目前发现的生存年代最晚的小盗龙亚科成员。虽然小盗龙亚科的小盗龙具有飞行或滑翔的能力，不过研究人员认为西爪龙的体型接近中华龙鸟，应该是一种身披羽毛在陆地上行走的动物。

西爪龙和阿尔伯塔爪龙的发现填补了北美洲长期以来白垩纪生态系统中小型掠食恐龙的缺失，皇家泰勒博物馆将化石库房中的化石标本进行了统计，发现西爪龙的标本超过10个，而同时代的蜥鸟盗龙有30个，驰龙只有2个，这说明西爪龙是当时一种很常见的小型恐龙。另外，朗里奇和柯尔在对该地区的哺乳动物和小型恐龙做了对比研究后提出了一个新颖的看法：以前人们普遍认为在恐龙的压迫下哺乳动物没有办法向更大型的方向发展，而现在他们认为正是由于哺乳类占据了小型捕食者的位置，阻碍了恐龙向更小的体型发展。

知识点：

1. 西爪龙是目前发现的生存年代最晚的小盗龙亚科成员。

2. 西爪龙是目前北美洲发现的最小的恐龙，体长不足60厘米，体重约1.5千克。

3. 西爪龙应该是一种身披羽毛在陆地上行走的动物。

参考资料：

1.Alberta researchers discover mini meat-eating dinosaur, a 16 March 2009 article from CBC News.
2.Longrich, N.R. and Currie, P.J. (2009). "A microraptorine (Dinosauria - Dromaeosauridae) from the Late Cretaceous of North America." Proceedings of the National Academy of Sciences, online preprint 16 March 2009.
3.Canadian dig yields tiny dinosaur, a 16 March 2009 article from BBC News.

The West of Liaoning, China, must have been a rich place during Cretaceous era, for *Dromaeosauridae* lived there could easily have access to the abundant food supply. Just as we can observe from Sinornithosaurus' s entire fossil even 100 million years after his death, he must have an honorable departure.

This is the first dinosaur proved to have feathers. Because of the discovery, paleontologist confirmed the special link between dinosaurs and birds.

Sinornithosaurus is also the first found bearing poisonous teeth.

白垩纪的中国辽西应该是一个万物丰盈的风水宝地，驰龙们总是不用花费很大的力气就可以获得丰厚的食物。正如中国鸟龙在死去一亿多年之后，它的骨骼化石依然保持得相当完整。从这一点不难看出，中国鸟龙的死亡应该不算特别悲惨。

这是第一种被确定有飞羽的恐龙。也正是因为中国鸟龙化石的出现，古生物学家才确定恐龙家族与鸟类家族有着非同一般的关系。

中国鸟龙也是第一种被确认为牙齿有毒的恐龙。

Sinornithosaurus: A terrific discovery

Feather and venom, pretty and smart, the discovery of Sinornithosaurus innovates new ideas from paleontologists

中国鸟龙：令人类想起来后怕的科学发现

长着飞羽和毒牙，聪明而漂亮，中国鸟龙化石的出现让古生物学家对恐龙的认识有了新的思考

PW-JH/YYKP-G-00014

中文名称：中国鸟龙
学　　名：Sinornithosaurus
释　　义：来自中国的像鸟一样的蜥蜴
体　　型：长 1 米，高 0.4 米，重约 5 千克
生存年代：早白垩世
化石产地：亚洲东部，中国，辽宁
命名者：徐星、汪筱林、吴肖春

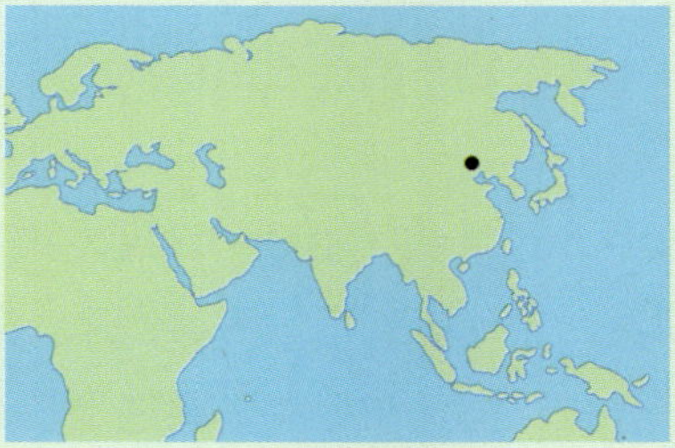

清晨的太阳光从洞口直直地照射进来，虽然并不强烈，但还是把鹦鹉嘴龙布尼弄醒了。它睁开了眼睛，望着洞口的亮光伸了个懒腰。看来不能再睡了，否则今天又要饿肚子了。布尼想着，起身准备爬到洞外去。

洞口的树上几只长尾羽的孔子鸟正在嬉戏打闹，就像往常一样。布尼总是很羡慕它们，因为它似乎每天都看到它们在嬉闹，却看不到它们什么时候去捕食。布尼并没有急着出洞，一向小心谨慎的它仔细地把洞口周围检查了一番，这才从洞里钻了出来。

清晨永远是一天中最美好的时刻，太阳慢慢升高，阳光努力地透过一层层的叶子想要照亮森林的最底层。

看着头顶上的叶子，还有一丝丝的阳光，布尼感觉到微风从体表的毛发

中穿过。它还是喜欢外面广阔的感觉，在那里它可以尽情地奔跑，而不需要蜷缩在狭窄的洞穴中。

布尼沿着自己熟悉的道路向森林深处跑去，它不能再在这儿享受微风了，它得抓紧时间去找东西吃，否则，不知道什么时候自己就会变成敌人的猎物。在这个森林中，永远都充满了血腥的战斗，有时候布尼也觉得很累，但是，生存就是这样，它知道。

布尼小跑了一阵，在一棵银杏树下停了下来，因为它发现了不少新发芽的蕨类植物，这些嫩绿的叶子对布尼来说是非常可口的，光是看着布尼就已经流口水了。布尼靠近这些新鲜的叶子，它坚硬的鹦鹉嘴状的角质喙只是一开一合就轻易地切断了植物的茎。只一小会儿，一大串叶子就进了布尼的肚子里。

布尼加快了咀嚼的速度，想在竞争对手来和它抢夺食物之前多吃一点。忽然，布尼听到了一阵沙沙声，这声音与树叶的响声不同。虽然这声音只响了一次，但是布尼的耳朵还是敏锐地捕捉到了它。布尼转过身，警觉地盯着周围。可瞧了好一阵子，一切都很正常，似乎并没有发生什么异样，就像它来时的样子。

布尼放松下来，埋头准备继续享用美食。可就在这个时候，它再次听到了那个声响。这次，布尼辨清了声音的来源，就在它的正上方。布尼马上抬起头，循着声音望去，只是它还来不及抬头，一团蓝色的影子从天而降，它的背部便感觉到了一阵剧痛，像是被一个尖锐的武器刺穿了一样。

布尼立刻意识到自己遭受到了攻击，它放下嘴巴里的食物，拼命朝前奔跑起来。

蓝色的阴影并没有向布尼发起第二次攻击，它只是隔着一段距离跟在布尼身后。

正当布尼跑出很远，以为逃离了敌人的攻击时，突然感觉到浑身无力，

白垩纪早期中国的辽西，受伤的鹦鹉嘴龙的体力在一点点的耗尽，不是因为失血，也不是饥饿或者其他原因——它中毒了。当它最终栽倒在地的时候，投毒者尾随跟来，这是中国鸟龙，这是人类目前所知唯一一种拥有毒牙的恐龙，它向鹦鹉嘴龙一步步逼近，张开嘴，再次露出长长的毒牙，准备了结猎物的生命。

中国鸟龙负模标本
PT-ZCFY-QT-00019

呼吸困难，一头栽倒在地上。

这时候，刚才那蓝色的影子，一只漂亮的中国鸟龙走到了它身旁，在它

PT-ZCFY-JX-00022

那颗带毒的牙齿上似乎还沾着布尼身体里的鲜血……

在亿万年后的一个夏天，当人们都沉浸在98足球世界杯的狂欢中时，这颗毒牙的主人在辽宁省北票市一个叫四合屯的小山村被发现了。

毒牙主人的发现并没有那么顺利，连绵的小雨使得收尾工作迟迟无法完成。就在整个考察即将结束的6月24日凌晨，一场暴风雨不期而至，一道道闪电划过阴沉的天空，树木在强风中左右摇摆。上午雨过天晴，各项工作继续有条不紊地展开，科考队将挖掘的重心放在村北山梁的采集坑上。如果这天还没有什么收获，那么这次科考对于这些科考队员来说意义就没有那么大了。于是，他们抓紧最后的时间，看看能不能找到一点宝贝。

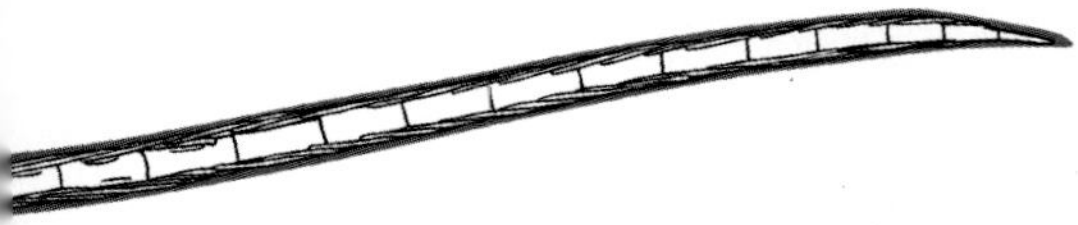

日上三竿，大概上午10点钟左右，队员们在挖出的岩石碎片中开始发现有化石存在的迹象，看来这里离化石富集层不远了。于是大家放慢了挖掘的速度，开始仔细地打量每一块经手的岩石。曾经发现过中华龙鸟的李萌芳仔细地清理着出现化石的岩层，就在毛刷扫过之处，一块黑灰色的页岩吸引了他的目光。李萌芳停了下来，压低身子仔细地观察着，在刚刚清理过的岩石上露出了一个动物的印痕。虽然整体的轮廓无法看清，但是仍然可以辨认出它的头部和上面的一排弯刀状的小牙齿，而一旁的一些黑色的印痕似乎是羽毛！李萌芳一阵激动，他立即将自己的发现告诉大家。科考队的主力人员很快围了过来，随着含有化石的岩石被小心翼翼地取出，一只长着羽毛的恐龙化石标本出现在大家面前，人群中顿时爆发出一阵欢呼，要知道这可是第一块由中国古生物学家挖掘的带有羽毛的恐龙化石，在整个古生物界有着重要的历史意义。

这块珍贵的化石被发现后，中国古生物学家徐星、汪筱林和吴肖春就开始对其研究，相关研究论文发表于 1999 年 9 月出版的《自然》杂志上，新物种被命名为中国鸟龙。其正模标本（编号 IVPP V12811）目前存放于中国北京的古脊椎动物与古人类研究所内。

中国鸟龙（属名 Sinornithosaurus），学名来自拉丁语中的“Sino”（意为“中国”）、“Rnitho”（意为“像鸟一样”）及“Saurus”（意为“蜥蜴”），学名的意思为“来自中国的像鸟一样的蜥蜴”。中国鸟龙的模式种被命名为千禧中国鸟龙（Sinornithosaurus millenii），是为了纪念即将到来的千禧年。中国鸟龙生存于距今 1 亿 2500 万年前早白垩世的中国东北，是一种长有羽毛的小型驰龙科恐龙，其化石发现于中国辽西热河生物群的义县组。

除了模式种千禧中国鸟龙外，古生物学家在 2004 年又发现了中国鸟龙新种，并将其命名为郝氏中国鸟龙（Sinornithosaurus haoiana）。1999

PT-ZCFY-CP-XX-00001

中国鸟龙头骨化石，留意他它细长的牙齿

年，中国地质科学院的季强教授在距离千禧中国鸟龙正模标本发现地 130 公里之外的辽宁省凌源市大王杖子地区发现了一具新的化石标本（编号 NGMC - 91），被定为是中国鸟龙疑似种。这具化石分为正、副模，保存十分精美，爱好者给它起了个可爱的外号叫做“戴夫”（Dave），该标本目前存放于中国地质博物馆内。

中国鸟龙体长 1 米，高 0.4 米，体重 5 千克，是一种结构轻巧的肉食性恐龙。由于发现的化石比较完整，使得我们有机会能较为仔细地研究中国鸟龙的结构，从而在形态学、构造学以及生理学上对其有一个准确的认识。

中国鸟龙长有一个大脑袋，长 14 厘米，头骨占身体的比例要大于其他大部分驰龙科恐龙。中国鸟龙的头骨嘴鼻部细长，脑部膨大，其鼻孔、眶前孔和眼眶很大，整个头骨从侧面看呈三角形。

名词解释

巩膜环（sclerotic ring），又称巩膜骨环，普遍存在于恐龙及其他爬行动物中，由十多块薄薄的 L 形骨片组成一个圆圈，功能大致是在高速前进时，保持眼球不受空气气流或水流的压力影响而变形。

在“戴夫”的标本中，其眼眶中较完整的保存了两圈巩膜环，其眶前窝的前面两侧有发育的装饰状的小孔和脊。大眼眶不但表示中国鸟龙是一双大眼睛，而且其中容纳的大量视神经可能预示着它有一定的夜视能力。

中国龙鸟的嘴中长有匕首状的小牙齿，其后缘留有锯齿，这种结构可以用于切开猎物皮肤。

中国鸟龙的脖子细长，由 10 节颈椎组成。它的肩带结构与世界上最早的鸟类——发现于德国的始祖鸟几乎没有区别，它的前肢位于躯干两侧，其股骨、桡骨、尺骨差不多一样长，其中光是指爪便占去了整个前肢的三分之一。

中国鸟龙的手掌结构与大部分兽脚类一样呈 3 指结构，其第 II 指最长，第 III 指较短，第 I 指最短，长度只有第 II 指的一半。腕骨发育形成一块大的新月形腕骨。手部末端的指爪从化石上看弯曲并不明显，但是从保存了角质指鞘的情况来看，指爪的弯曲弧度超过 180 度。

PT-ZCFY-CP-ST-00024

中国鸟龙的前肢已经不再像其他大多数兽脚类恐龙一样向前腹向伸展，而是像鸟类的翅膀一样向上向侧面伸展。这一转化为鸟类飞行的起源在骨骼结构上打下了基础。

中国鸟龙的后肢长而纤细，呈镰刀状的第 II 趾虽然大于其他趾，但是却明显小于其他陆栖驰龙科，这种结构与前肢超过 180 度的弯爪结合使中国鸟龙具备有一定的攀爬树木的能力。

中国鸟龙的尾巴由 24 节尾椎骨组成，其尾部有明显的筋腱结构，这种结构可以加强尾巴的稳定性，便于控制方向和平衡。

中国鸟龙化石的珍贵之处就是清晰地保存了羽毛结构，特别是“戴夫”上面留下的毛发印痕几乎完整。中国鸟龙除了后肢下部外，几乎整个头颅、躯干、四肢、尾部都分布有纤维状的原始羽毛，但是在前肢附近局部保存有具有羽轴的短羽毛。经过对这些羽毛长度的测量，研究人员列出了这样一份数据：头部，2cm；颈部，3.2cm；肩部、后肢和躯干，超过 5cm。总的来看，中国鸟龙身上的羽毛分为两种类型，一种是数个丝状物聚合成一丛，像是绒毛的结构；另一种是一排羽毛聚合成一个羽轴，像是鸟类的羽毛结构。不过，

PT-ZCFY-QT-00021

中国鸟龙的羽毛并不具备现代鸟类所具有的次要分支与羽小支，其身上的羽毛更多的是用来保温和炫耀的，并不具备飞行的特征。

到这里似乎中国鸟龙的故事就要结束了，但是 2009 年末的一份研究报告却又一次让它成为古生物界乃至整个世界的焦点。

如果你看过电影《侏罗纪公园》，那么一定记得其中凶神恶煞的双嵴龙吧，我们暂且不讨论它的设计是否科学，单是它那喷毒的奇招就让观众大开眼界。

恐龙会使用毒液，在以前那只是科幻作家编撰出来的东西罢了。但是 2009 年 12 月 21 日，美国《国家科学院院报》电子版上报道了由中国东北大学教授巩恩普带领的中美研究小组的最新研究：生活在中国辽西 1 亿 2500 万年前的中国鸟龙长有毒牙，它是在恐龙家族中第一次发现使用毒液和毒牙的物种。

2007 年，巩恩普等人研究驰龙家族分化时意外发现，中国鸟龙又细又长的牙齿上竟然长有凹槽。中国鸟龙的牙齿尖利而且向后弯，牙齿上面有一道贯穿全齿的槽。巩恩普说："这些牙很长，像刀剑一样，看上去就像蛇的毒牙。"而博恩海姆表示，他们不但找到了有沟槽的牙齿，还找到头骨上的其他结构，它可能会把毒液腺藏在上腭骨的凹穴里，通着用来输送毒液的槽，还有一个毒液正好可以进入有沟槽的牙齿的区域。

博恩海姆表示，这种结构和后沟牙类毒蛇及毒蜥的毒牙结构很类似。

PT-ZCFY-QT-00026

而澳大利亚墨尔本大学生物学家弗雷（Bryan Fry）在 2009 年初曾经发表论文称，他发现科摩多龙的嘴里有毒腺。博恩海姆说，弗雷的研究给他很大的启发："我们看到有文章说科摩多龙有毒液、鬣蜥有毒液，于是突然领悟：'原来中国鸟龙上腭的凹槽是干这个用的’。”

博恩海姆试图复原中国鸟龙使用毒牙捕食的过程，在发布会上他形象地描述道：“你还没看到它过来，它就从你背后的树枝上扑下来，给你来个突然袭击。它把你整个咬住，毒牙扎进你的皮肤里，毒液会随之渗入。这样，猎物很快就会浑身痉挛，再也没法动弹。”他甚至认为中国鸟龙的毒牙是专为捕食鸟类而“制造”的。它可以刺穿鸟类厚厚的羽毛，刺进皮肤 4—6 毫米，这个深度足够让毒液在血液循环。

当然，对于这项研究报告，其他人还有着不同的看法，有人认为中华鸟龙牙齿上的槽是给猎物放血用的，有的人认为那些槽是新牙替换旧牙时的生长通道。关于中华鸟龙使用的毒液，大部分人认为是作用于血液的神经性毒液。无论中国鸟龙是否存在毒牙结构，它都为古生物研究提供了新的思维。

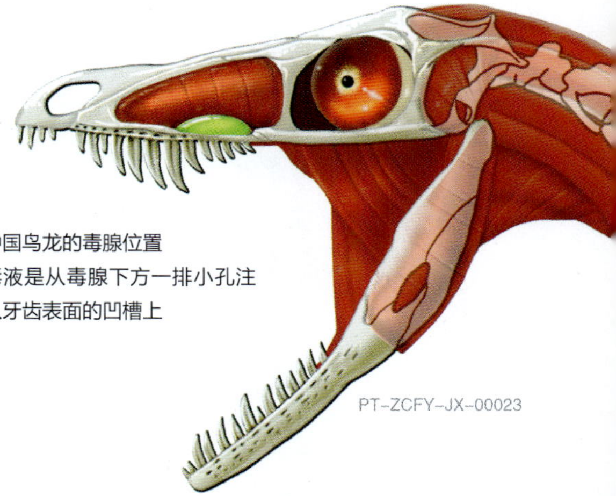

中国鸟龙的毒腺位置
毒液是从毒腺下方一排小孔注入牙齿表面的凹槽上

PT-ZCFY-JX-00023

PT-ZCFY-JX-00024

知识点：

1. 中国鸟龙的化石是第一块由中国古生物学家挖掘的带有羽毛的恐龙化石。

2. 中国鸟龙有一双大眼睛，并且极有可能有一定的夜视能力。

3. 有研究认为，中国鸟龙长有毒牙，它是在恐龙家族中第一次发现使用毒液和毒牙的物种。

参考资料：

1.Swisher, Carl C., Wang, Yuan-qing, Wang, Xiao-lin, Xu, Xing, Wang, Yuan. (1999). "Cretaceous age for the feathered dinosaurs of Liaoning, China". Nature 400:58-61 1 July 1999.

2.Qiang, Ji, Norell, Mark A., Gao, Ke-Qin, Ji, Shu-An, Ren, Dong. (2001) "The distribution of integumentary structures in a feathered dinosaur" Nature 410:1084-1087 26 April 2001.

3.Xu, X., Wang, X.L., and Wu, X.C. (1999.9.16). A dromaeosaurid dinosaur with a filamentous integument from the Yixian Formation of China. Nature 401: 262 - 266.

4.Xu, Xing, Wu, Xiao-Chun. (2001). "Cranial morphology of Sinornithosaurus millenii Xu et al. 1999 (Dinosauria:Theropoda:Dromaeosauridae) from the Yixian Formation of Liaoning, China". Canadian Journal of Earth Sciences 38:1739-1752 (2001)。

5.Liu, J., Ji, S., Tang, F. & Gao, C. (2004). A new species of dromaeosaurids from the Yixian Formation of western Liaoning. Geological Bulletin of China, 23 (8): 778 - 783. (abstract)

6. 张弥曼（2001），热河生物群，上海科学技术出版社，P80。ISBN 7532361446

7. 中国科学院，中美学者发现辽西中国鸟龙有毒牙 http://www.cas.cn/xw/kjsm/gndt/200912/t20091223_2714560.shtml

PT-ZCFY-CT-00012

热河生物群

热河生物群是广泛分布于中国东北部，以辽宁西部为中心的地层学单位，由古老的义县组和较新的九佛堂组组成。热河生物群的地质年代为上侏罗统至下白垩统，地层中保存了极其丰富的化石资源，是古生物学研究聚宝

PT-ZCFY-CP-ST-00025

盆。热河生物群就像是一本保存在石头中的百科全书，这里的发现一次次的震惊了世界。热河生物群最重要的意义在于为鸟类的起源、恐龙与鸟的关系、早期真兽亚纲及被子植物的进化等热点问题提供了宝贵的化石材料。

No bigger than a crow, fed on lizards and insects, the life of *Shanag* in early Cretaceous Mongolia is not so good. Many competitors squeezed his living space and even the mammals won't take her as a counterpart seriously.

Shanag must be working hard to live.

She has to arrange his prey according to the habits of lizard, or she may die from hunger.

比现在的一只乌鸦大不了多少，主要食物是蜥蜴和昆虫，佛舞龙的日子在早白垩世的蒙古平原过的应该算不上太好。恐龙家族有太多的强者，导致佛舞龙的生存空间变得非常狭小。就连在恐龙时代毫无出息的哺乳类动物，也不会把佛舞龙当做真正的敌人。

如果我的推测是成立的，那么佛舞龙一定是一种非常勤奋的恐龙。

它必须根据蜥蜴的生活习性安排自己的觅食时间。为此，早出晚归对于佛舞龙来说基本上家常便饭。不然，它也许连便饭也吃不上了。

Shanag: A laborious Mongolian habitant

As the bottom member of eminent family,
Shanag has to survive within edges

佛舞龙：驰龙家族中生活艰难的蒙古居民

作为一个显赫家族的底层成员，佛舞龙是驰龙科比较典型的夹缝求生类恐龙

PW-JH/YYKP-G-00015

中文名称：佛舞龙
学　　名：Shanag
释　　义：佛教舞者的蜥蜴
体　　型：长 1 米，高 0.3 米，重约 3 千克
生存年代：早白垩世
化石产地：亚洲东部，蒙古国
命名者：Alan H. Turner 等

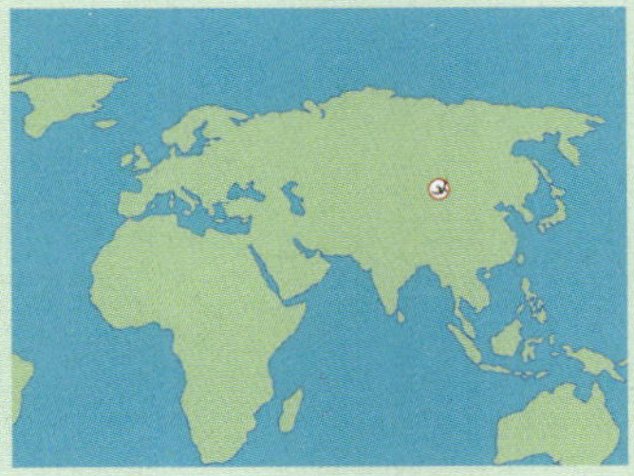

1 亿 1000 万年前的蒙古，虽然有星星点点的绿色，但是整个地区仍然被大面积的黄沙覆盖着，除了食物，干净的水源也成了动物们竞相争抢的东西。

一只大蜥蜴扭动着身体翻过一座沙丘，它不时地吐出细长的舌头感知空气中的信息。烈日直直地照射着它的皮肤，几乎要把身体里的体液都吸出来。蜥蜴忍耐着这难熬的天气，一步一步地向前爬着，在身后滚烫的黄沙中留下了一道奇怪而有规律的脚印。

经过一段时间的长途跋涉，蜥蜴再次把舌头伸出外面的时候，心里高兴起来。它的舌头开始有了潮湿的感觉，空气中的水分告诉它前面不远处便有水源。

蜥蜴加快了脚步，整整一个上午的爬行，就是为了能喝到几口清凉的水，

虽然在如此高温的天气中，水也不会有多么凉爽，但对于此时的蜥蜴来说，也算是玉液琼浆了。

果然，在黄沙上又艰难地爬行了十多分钟后，口干舌燥的蜥蜴终于看到了一个小水塘。的确是个小水塘，因为就算是蜥蜴也一下子能看到水塘的尽头。水塘的一侧有一些灌木丛，而靠近蜥蜴的一侧几乎没有什么植被覆盖，只有几棵孤零零的苏铁在太阳的暴晒下卷起了叶子。

蜥蜴显然顾不上去评价这个水塘的大小了，它连一秒钟都没有犹豫，卷起舌头大口大口地喝起水来，几乎要把自己的身体也浸到水里了。

在蜥蜴喝水的时候，一群通体黄毛的小家伙正躲在灌木丛中偷笑。

这些佛舞龙趁着早晨天不热的时候就已经潜藏到灌木丛里了，这里是这附近最干净的水源，每天都会有很多小动物出没于此，这一点佛舞龙了如指掌。它们很聪明，从不愿意把自己的体力消耗在烈日下苦行僧似的行走上，它们总是喜欢躲在暗处，偷偷地夺取胜利品。不过，这些都是在大型食肉恐龙没有来的时候，如果遇到大型食肉恐龙的侵袭，它们也不得不在太阳下快速奔跑来保命。

蜥蜴几乎还没有来得及看清对手的样子就已经遍体鳞伤，它疯狂地摆动着自己的尾巴，张开大嘴，把脑袋抬得高高的，发出“吱吱”的惊叫声。

但是佛舞龙没有动恻隐之心，它们将猎物围住，挥舞着利爪，不断地从蜥蜴的背后发起攻击。它们只是用脚上的镰刀爪在蜥蜴的身上狠狠地划上一下便远远地跳开。大块头的蜥蜴虽然占了体力上的优势，但是佛舞龙实在是太灵活了，很快蜥蜴便没了招架的力气。

几个回合后，蜥蜴倒在血泊当中，几只佛舞龙兴奋地叫着，等待着品尝今天的第一顿美餐……

2007 年，佛舞龙由古生物学家爱伦・特纳（Alan H. Turner）等人描述并命名，其正模标本（编号 IGM 100/1119）发现于蒙古国下白垩统地层，化石包括一个接近完整的上颌骨和齿骨及一部分夹板骨。佛舞龙几乎是与同属于驰龙科的白魔龙一起被发现的，研究者称它的生存年代比白魔龙早 2000 万年以上，是蒙古地区目前发现的体型最小的类鸟恐龙之一。

佛舞龙（属名 Shanag），学名来自蒙古语中的“Shanag”（指蒙古乌斯地区佛教节日中的黑帽舞者），意思是“佛教舞者的蜥蜴”。佛舞龙的模式种被命名为阿氏佛舞龙（Shanag ashile），种名阿什勒（ashile）以发现地的地层命名，ashile 一词是命名者沿用了著名古脊椎动物学家亨利·F·奥斯本博士对蒙古 Öösh 地层的英文称呼。佛舞龙生存于距今 1 亿 1000 万年前早白垩世晚期亚洲蒙古国的乌斯地区，是一种小型的驰龙科恐龙。

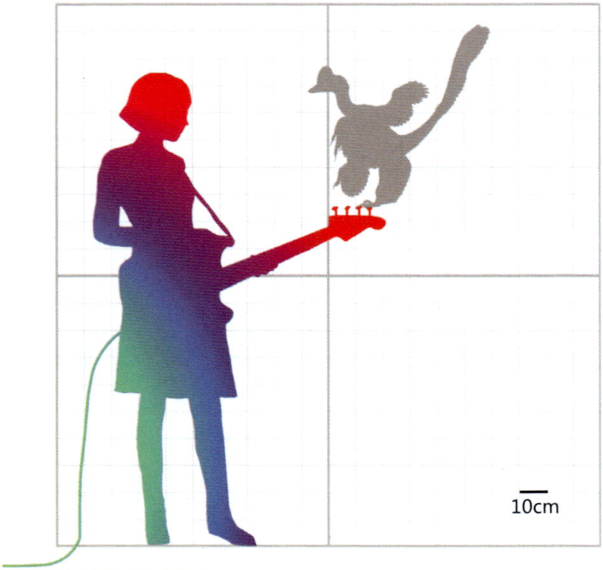

PT-ZCFY-QT-00022

佛舞龙体长不到 1 米，高 0.3 米，体重约 3 千克，和一只乌鸦差不多大。研究人员推测其外形与中国辽西发现的小盗龙及中国鸟龙相似，是比较原始的驰龙科恐龙。它的头骨侧面呈现出三角形，口鼻部比较突出，眼眶孔很大，骨骼纤细中空。相对于后期的驰龙科，佛舞龙比较原始，某些骨骼上缺乏开孔，其体内气腔的位置可能有所不同。

佛舞龙与小盗龙等驰龙科有很多相似之处，这也证明早白垩世蒙古的下白垩统地层与中国东北部的热河生物群可能存在有类似的动物群构成。如果真是这样的话，以往古生物学家认为以中国辽西为中心的热河生物群存在比较封闭的地理环境就是不正确的，而佛舞龙或许正是打开热河生物群向外辐射研究的一把钥匙。

知识点：

1. 佛舞龙体长不到 1 米，高 0.3 米，体重约 3 千克，和一只乌鸦差不多大，是蒙古地区目前发现的体型最小的类鸟恐龙之一。

2. 佛舞龙或许是打开热河生物群向外辐射研究的一把钥匙。

3. 研究人员推测佛舞龙的外形与中国辽西发现的小盗龙及中国鸟龙相似。

参考资料；

Turner, A.S.; Hwang, S.H.; and Norell, M.A.（2007）. A small derived theropod from Öösh, Early Cretaceous, Baykhangor Mongolia. American Museum Novitates，3557：1.

West of Liaoning, China, early Cretaceous, *Tianyuraptor* must be the strangest among its family. Their forearm is too short, making them the "alien" from the family. His inability to fly forced him to run faster, so that he could have enough food. Maybe, the smart *Tianyuraptor* has realized this, and is sprinting on the continent, mercilessly slaying his prey.

在早白垩世的中国辽西，天宇盗龙恐怕是族群里最孤独的一支。它们总是不喜欢与其他的驰龙科恐龙站在一起，虽然有着相同的祖先，但是它们特别短小的前肢让它们成了族群家族中的异类。前肢的长度只有后肢的一半，这让它们失去了飞翔的可能，它们被囚禁在陆地上，和众多恐龙争夺食物资源。或许，聪明的天宇盗龙已经意识到了这一点，于是，它们用快如闪电的速度在陆地上奔驰着，对于自己的猎物它们毫不手软。

Tianyuraptor: Short forearm doesn't hamper the sprint

A distinctive body difference due to the shorten of forearm made the paleontologists believe Tianyuraptor is an transition type between north Dromaeosauridae and south Dromaeosauridae

天宇盗龙：短小的前肢并不影响它如风的奔跑

前肢的异化导致天宇盗龙和其他驰龙科恐龙有着明显的外形区别，古生物学家认为它是南方和北方驰龙种群的过渡类型

PW-JH/YYKP-G-00016

中文名称：天宇盗龙
学　　名：Tianyuraptor
释　　义：来自天宇自然博物馆的盗贼
体　　型：长 1.5 米至 2 米，高 0.7 米，重约 20 千克
生存年代：早白垩世
化石产地：亚洲东部，中国，辽宁
命名者：郑晓廷、董枝明、徐星、赵祺、尤海鲁

连续很多天森林里都没有烈日了，几天的雷阵雨让这里湿润而凉爽。宇飞觉得惬意极了，前些天在烈日中从喀左中国暴龙嘴巴里捡来的食物让它美美地享受了很多天。没有饥饿没有伤痛的日子，它总是喜欢在森林里安全的地方散散步。

宇飞挺着饱饱的肚子，骄傲地在森林中走着，边走边四处瞧着。一个光秃秃的树枝引起了它的注意，因为树枝上一个翠绿色的小东西实在是太扎眼了！它要走到近处瞧瞧，这个漂亮的家伙是什么东西。宇飞放慢了脚步，轻轻地向树枝靠拢过去。这个绿色的小家伙并没有看到大型的猎手正在朝它逼近，它趴在树枝上正贪婪地享受着这凉爽的时刻。

在宇飞的家族天宇盗龙中，它们个个视力都不错。宇飞并没有靠的很近

PT-ZCFY-CP-ST-00027

就已经看清楚了这个宝石般翠绿的家伙不过是只代鸣�。

子层，属于著名的热河生物群。天宇盗龙的正模标本（编号 STM1－3）被天宇自然博物馆征集，后来天宇自然博物馆的馆长郑晓廷邀请中国科学院古脊椎动物与古人类研究所的董枝明、徐星和赵祺，中国地质科学院的尤海鲁对这一化石标本共同进行研究。

2009 年，来自中国的古生物学家在《英国皇家学会学报 B》上发表了

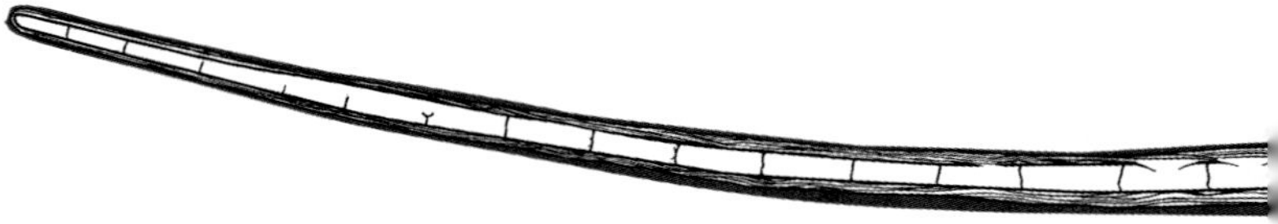

一篇名为《中国热河群一短前肢的驰龙类和它对早期驰龙类演化的意义》的论文，描述了中国辽宁西部出土的一种前肢较短的驰龙科——奥氏天宇盗龙（Tianyuraptor ostromi），这种恐龙的发现为我们进一步了解热河生物群和驰龙家族的演化提供了宝贵的材料。

天宇盗龙（属名 Tianyuraptor），学名来自汉语拼音中的“Tianyu”（代表天宇自然博物馆）及拉丁语中的“Raptor”（意为“盗贼”），意思是“来自天宇自然博物馆的盗贼”，属名来自于保存化石的山东省临沂市平邑县山东天宇自然博物馆。天宇盗龙的模式种被命名为奥氏天宇盗龙（Tianyuraptor ostromi），种名是为了纪念在研究驰龙科及有羽毛恐龙上有着特别贡献的古生物学家约翰·奥斯特伦姆（John Ostrom）。天宇盗龙生存于距今 1 亿 2200 万年前的早白垩世的中国东北，是一种中等体型的驰龙科恐龙。

天宇盗龙体长 1.5 米至 2 米，高约 0.7 米，体重约 20 千克，体型比小盗

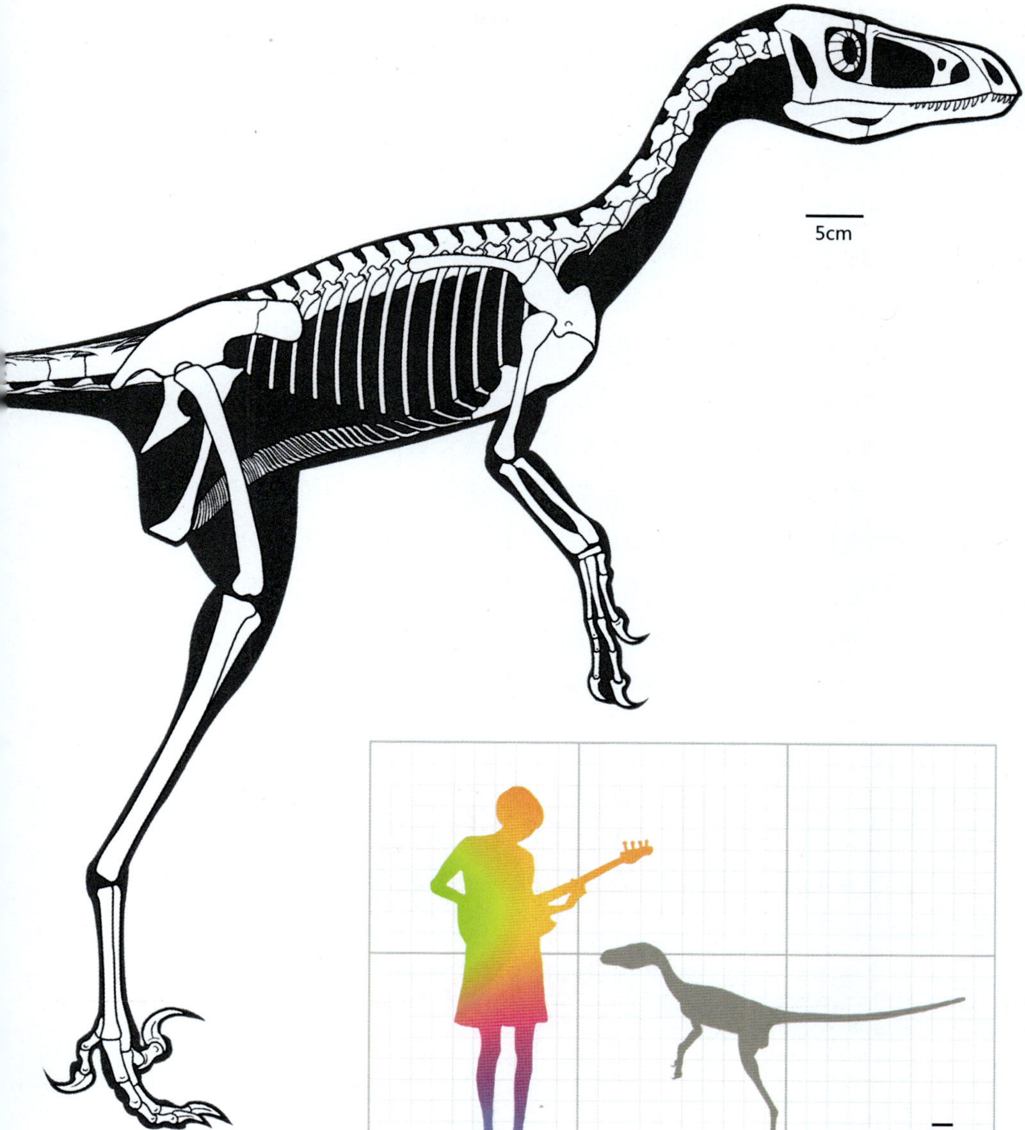

PT-ZCFY-JX-00025

PT-ZCFY-QT-00023

龙亚科的成员要大。由于发现了几乎完整的化石标本，因此研究人员可以更好地了解其形态学和构造学方面的特征。天宇盗龙的前肢很短，只有后肢长度的一半，而其他驰龙科的前肢长度都占其后肢长度的 70% 以上。因为这么短的前肢，天宇盗龙与同样产出于热河生物群的其他驰龙科不同，它不会展开翅膀滑翔，只能在陆地上活动。与短前肢相比，天宇盗龙的后肢很长，胫跗骨与大腿骨比例大于 1.30，而相比较，伶盗龙的只有不到 1.10，这说明天宇盗龙是一种行走如飞的动物，靠着闪电般的速度它可以追捕猎物，也可以躲避敌害。天宇盗龙的尾巴长 96 厘米，由 28 根尾椎骨组成，这根细长的尾巴会起到像飞机方向舵的作用，保持身体的平衡并控制运动方向。

天宇盗龙身上的某些独特的特征，是北方劳亚大陆驰龙科身上所没有的，但是在南方冈瓦那大陆的驰龙科（如南方盗龙、鹫龙、内乌肯盗龙、肋空鸟龙及半鸟）和原始鸟类却保留有这些特征。研究人员认为像天宇盗龙这种比较原始的驰龙科在晚侏罗世到早白垩世之间通过南北大陆之间的路桥进入南方大陆，然后慢慢演化出带有南方特色的驰龙科。因此，古生物学家认为天宇盗龙是一种过渡性物种，它的出现填补了北方大陆与南方大陆之间恐龙进化的空隙，并为研究驰龙科的早期进化和形态分化提供了宝贵的资料。

知识点：

1. 研究人员发现了几乎完整的天宇盗龙化石标本。

2. 天宇盗龙前肢很短，只有后肢长度的一半，而其他驰龙科的前肢长度都占其后肢长度的 70% 以上。

3. 天宇盗龙是一种行走如飞的动物，靠着闪电般的速度它可以追捕猎物，也可以躲避敌害。

参考资料：

1.Zheng, X., Xu, X., You, H., Zhao, Q. and Dong, Z. (2009), "A short-armed dromaeosaurid from the Jehol Group of China with implications for early dromaeosaurid evolution", Proceedings of the Royal Society B, DOI: 10.1098/rspb.2009.1178.

2.Zhou, Z. (2006), "Evolutionary radiation of the Jehol Biota: chronological and ecological perspectives", Geological Journal 41: 377–93 .

3.Xu, X., Zhou, Z.-H., Wang, X.-L., Kuang, X.-W., Zhang, F.-C. & Du, X.-K. (2003), "Four-winged dinosaurs from China", Nature 421: 335 - 40, DOI: 10.1038/nature01342.

PT-ZCFY-CT-00014

Book and Authors

PNSO: Pecking Nature is a popular science books series. All contents in the books are co-accomplished by PNSO (Pecking Nature Science Organization) members and the series shall cover many subjects of science.

The book at your hand is a Paleontology Series. We gave it an interesting name: Planet Dominators.

It will be our honor and pleasure to share you some interesting scientific discoveries, especially stories of lives long before human existence.

PNSO is a world-wide popular science interested group, with members of science researchers and science promoters.

We will be honored if you could be one of us. You could send us email through pnsochina@gmail.com, or contact us by +86-10-86612000.

You could also visit our website: www.pnso.org to know us more.

关于本书及作者团队：

《PNSO 叩问自然》是一个连续出版的百科类科普书，书中内容全部由 PNSO 啄木鸟科学小组成员完成，计划出版中的内容涉及自然科学以及人文、社会科学的各个学科。

您正在阅读的本册是自然科学版古生物系列图书之一，我们根据内容的性质为本系列作品起了一个好玩的名字叫“星球统治者”。

能和您共同探讨一些有趣的科学发现，尤其是人类之前的地球生命系统，我们感到无比荣幸也非常的开心。

PNSO 是一个无国界的科学普及兴趣小组，成员由来自全球各地的科学研究人员及科学爱好者构成。发起人是杨慧子（作家）、唐振庭（北京大学在读博士）和陈超（北京大学社会学研究生、记者）。负责日常内容整理的成员有陈瑞（北京大学在读博士、加州大学戴维斯分校访问博士）、陈默（哈佛大学在读博士）、普颖颖（北京大学生命科学学院在读博士）、白立新（IBM 战略咨询业务首席顾问、浙江大学工学博士）、叶子（北京大学生命科学学院在读博士、芝加哥大学访问博士）、赵闯（古生物复原画家）、江泓（科普作家）……日常对外事务由贺余龙（清华大学在读学生）负责。

期待您的加入，可以通过以下方式联系我们：
Email: pnsochina@gmail.com　电话：+86-10-86612000
您亦可访问网站 www.pnso.org 来进一步了解我们。

图书在版编目（CIP）数据

PNSO 叩问自然．第 1 季/啄木鸟科学小组 著．—北京：东方出版社，2010
ISBN 978-7-5060-3989-5

Ⅰ．①P…　Ⅱ．①啄…　Ⅲ．①恐龙—普及读物　Ⅳ．①Q915．864－49

中国版本图书馆 CIP 数据核字（2010）第 179589 号

PNSO 叩问自然．第 1 季

作　　者：啄木鸟科学小组
责任编辑：姬　利　张　莹
出　　版：东方出版社
发　　行：东方出版社　东方音像电子出版社
地　　址：北京市东城区朝阳门内大街 166 号
邮政编码：100706
印　　刷：北京盛兰兄弟印刷装订有限公司
版　　次：2010 年 10 月第 1 版
印　　次：2010 年 10 月第 1 次印刷
开　　本：680 毫米×890 毫米　1/16
印　　张：11．5
字　　数：130 千字
书　　号：ISBN 978-7-5060-3989-5
定　　价：36．00 元
发行电话：（010）65257256　65246660（南方）
　　　　　（010）65136418　65243313（北方）
团购电话：（010）65245857　65230553　65276861

So unfathomable as nature is, she provides *Dromaeosauridae* unimaginable beauty, but she also presents them unbelievable cruelty. Well of course, we could try to comprehend all these under current value and belief: For the sake of such glamorous beauty from being destroyed in the ferocious dinosaur age, our Mother Nature has bestows them cutting-edge claws as weapon of protection. At the same time, in fear of their powerfulness, she casts a chain over their elegant and delicate figure. It may be the establishment for balance of nature: No strongest, no weakest, competition lives with cooperation.

大自然总是如此的不可捉摸：它赋予驰龙艳绝中生代的美貌，但同样赋予它们凶残无情的利爪。当然，我们在今天的价值观下也可以这样来理解——上天为了让美丽的驰龙家族可以在险恶的恐龙时代免遭辣手摧花的悲剧，大自然恩赐了驰龙科锋利无比的利爪作为武器。当然，也为了不让驰龙们太过于强悍，它们的身材就只能用优雅和精致来形容了。也许这样才能保持自然间的生态平衡，没有最强，也没有最弱，彼此相克也彼此相生。

Please anticipate PNSO: Pecking Nature Season Two
Planet Dominators: Dromaeosauridae Bible (Ⅱ)
请您继续关注《PNSO 叩问自然》第贰季
星球统治者之驰龙圣经（下）